ESSAIS D'AMÉLIORATION DE LA CULTURE

DE LA GARANCE

ESSAIS

D'AMÉLIORATION DE LA CULTURE

DE LA GARANCE

MÉMOIRE

PRÉSENTÉ A LA CHAMBRE DE COMMERCE D'AVIGNON
ET A LA SOCIÉTÉ D'AGRICULTURE DE VAUCLUSE
LE 20 JANVIER 1875

PAR MM.

Aug^{TE} BESSE

Vice-Président de la Société d'Agriculture de Vaucluse
et de la Commission des Essais sur la Garance

ET

Alfred RIEU

Membre de la Société d'Agriculture et de la Commission des Essais

AVIGNON

AMÉDÉE CHAILLOT, IMPRIMEUR-LIBRAIRE-ÉDITEUR

Place du Change, 5

1875

ASSEMBLÉE GÉNÉRALE

*Des Membres de la Chambre de Commerce d'Avignon
de la Société d'Agriculture de Vaucluse
de la Commission mixte de l'Alizarine
de la Commission des Essais sur la Garance
& des personnes qui ont pris part à la Souscription en faveur
des Essais*

DÉLIBÉRATION.

Séance du 20 janvier 1875.

Sont présents MM. Jonathan Valabrègue, *Président
de la Chambre de Commerce et de la Commission
mixte*, H. Leenhardt, Gabriel Verdet, Paul Fortunet,
Joseph Valabrègue, Alf. Julian, *membres de la Chambre de Commerce et de la Commission mixte* ; E. Cousin, *Vice-président de la Chambre de Commerce ;*
G. Joubert, *Trésorier de la Chambre de Commerce ;*
Ad. Meynard, A. Clauseau, *membres*, F. Granier,
membre honoraire ; J. Dumas, *Secrétaire de la
Chambre de Commerce et de la Commission mixte ;*
Jules Olivier *Président de la Commission mixte ;*
A. Besse, J. Pernod, *Vice-présidents*, H. Berton,
Trésorier, Rieu fils, Goubet aîné, *membres de la
Commission mixte ;* marquis de L'Espine, *Président*

de la Société d'Agriculture de Vaucluse ; Loubet, *Président du Comice agricole de Carpentras ;* P. Yvaren, membre du Conseil général, Amic, fabricant de garance, d'Oléon, propriétaire, Chiron, propriétaire, Palun, fabricant de garance, Bérard, propriétaire, Ch. Deville, fabricant de garance, I. Chaine, propriétaire, Seyssaud, commissionnaire, Chaillot, secrétaire de la Société d'agriculture, Fréd. Fabre, directeur des Docks Vauclusiens, Ruy, commissionnaire, Ph. Rippert, propriétaire, Favier, juge de paix à Orange, Rippert, propriétaire à Orange, Arnavon, propriétaire à L'Isle, *membres de la Société d'Agriculture de Vaucluse.*

Un grand nombre d'industriels, de propriétaires et d'agriculteurs assistent également à la séance.

MM. Jonathan Valabrègue, Jules Olivier, marquis de L'Espine, A. Besse, Rieu fils, H. Berton, J. Dumas prennent place au bureau.

M. Jon. Valabrègue, Président, prend la parole et expose ainsi le but de la réunion :

« Messieurs,

« Un laps de temps considérable s'est écoulé depuis notre première assemblée. En vous réunissant aujourd'hui et en convoquant, en même temps que les souscripteurs qui nous ont prêté si libéralement leur concours, les agriculteurs déjà si cruellement éprouvés par la découverte de l'alizarine artificielle, notre but a été de vous rendre compte des mesures adoptées par la Commission mixte, pour conjurer ou tout au moins pour atténuer, autant que possible, les dangereux effets de la crise occasionnée par la concurrence du nouveau produit, et en même temps de vous faire connaître l'emploi des souscriptions qui nous été si généreusement accordées.

« Si nous avons tardé si longtemps à livrer à la publicité les résultats obtenus, n'allez pas croire que la Commission à qui vous avez confié une mission aussi importante ne se soit pas constamment occupée de l'objet de son mandat ; mais, comme plusieurs membres l'avaient fait prévoir, dans la première réunion, le détail, l'importance et la durée des opérations, pour découvrir des moyens, si non absolument certains de remédier à cette situation, mais ayant au moins des chances probables de succès, ne nous ont pas permis de vous réunir plus tôt. Vous comprendrez du reste facilement combien ce retard est justifié lorsque vous aurez entendu l'important rapport de MM. Besse et Rieu et surtout lorsque, après une étude plus complète de ce document, vous aurez pu apprécier le travail auquel les nombreuses expériences ont donné lieu.

« Vous n'avez pas oublié, Messieurs, qu'il y a environ 2 ans, en présence de l'émotion causée dans nos campagnes par la découverte de ce nouveau produit colorant, et des dangers qu'il ne pouvait manquer de faire courir à la culture de la garance, qui avait fait jusqu'alors la richesse de notre région, vous n'avez pas oublié, dis-je, que la Chambre de Commerce, justement préoccupée des intérêts si graves qu'elle avait à défendre, provoqua, avec le concours de la Société d'Agriculture, dans cette salle même, une réunion de commerçants, d'industriels et agriculteurs, pour rechercher par quels moyens on pourrait combattre une concurrence qui se levait redoutable devant nous !

« A la suite de cette réunion, une souscription fut ouverte parmi les commerçants, et une commission mixte fut nommée, prise parmi les membres de la Chambre de Commerce, et ceux de la Société d'Agriculture, pour mettre à la disposition des agriculteurs des engrais nouveaux, capables peut-être d'augmenter la richesse colorante de la garance et rechercher en même temps si, par la sélection ou le renouvellement des semences, on ne parviendrait pas, en améliorant ainsi cette culture, à faire, si non, triompher le produit naturel du produit artificiel, au moins à lutter avec avantage.

« Vous n'ignorez pas, Messieurs, avec quel empressement il a été répondu à notre appel, non seulement par le commerce, mais aussi par le Conseil Municipal d'Avignon, le Conseil Général de Vaucluse, le Ministre de l'Agriculture et du Commerce, qui ont tous généreusement mis à notre disposition les sommes nécessaires pour poursuivre ces essais. — Le Ministre des affaires étrangères de son côté, est intervenu auprès de ses agents à l'étranger, et nous a procuré par leur intermédiaire, des échantillons de racines, des variétés de graines de toutes les contrées, et elles sont nombreuses, où l'on a pu trouver de la garance, avec les indications sur la manière de les cultiver. Grâce à ces divers concours, grâce surtout au zèle et au dévouement de la Commission des Essais, qui, sous la présidence de M. Olivier, a suivi et dirigé avec une persistance infatigable les essais de culture qui ont été tentés, nous avons pu ainsi poursuivre avec succès la mission que vous nous avez confiée et dont nous venons aujourd'hui vous faire connaître les résultats.

« Messieurs Besse et Rieu qui ont bien voulu s'occuper spécialement de ces travaux et qui l'ont fait avec autant de soins que d'intelligence, vont vous en faire l'exposé dans leur rapport. Vous verrez que leur tâche n'a pas été stérile, et que si nous n'avons pu conjurer encore la crise qui pèse si lourdement sur le commerce et la culture de la garance, nous sommes cependant autorisés à croire qu'il ne faut pas désespérer de l'avenir. »

Après ces paroles qui sont accueillies avec la plus vive sympathie, M. le Président donne la parole à M. Besse qui lit le rapport. Cette lecture qui permet d'apprécier l'importance des travaux de la Commission et le travail intelligent et assidu de MM. Besse et Rieu donne lieu aux félicitations chaleureuses de l'assemblée qui, à l'unanimité, demande l'impression la plus prompte possible du rapport.

Cette proposition est adoptée.

M. le Président invite M. Berton, trésorier à faire connaître la situation financière de la Commission.

Il résulte de cette situation que le montant des souscriptions et recettes diverses s'est élevé à la somme de . . . . F. 18441,05
Le montant des dépenses à . . . « 13522,91

D'où un excédant de . . . . . F. 4918,14

Savoir : F. 4715,20 à la Société générale.

« 202,94 espèces en caisse.

Total : F. 4918,14 somme égale.

M. le Trésorier fait remarquer qu'une partie de ces sommes a été employée aux dépenses premières d'installation, d'achat de matériel pour le laboratoire de chimie, qui sont à peu près terminées, et qu'il n'y aura plus à l'avenir que des dépenses d'entretien. Sur sa demande expresse, une commission composée de MM. Valabrègue et Granier est désignée pour la vérification et la réception des comptes du Trésorier.

M. F. Granier fait remarquer qu'en présence de la situation financière de la Commission et des résultats importants obtenus par ces premières expériences, il convient de poursuivre des travaux si heureusement commencés. Il est heureux de se faire l'interprète de l'Assemblée, pour remercier la Commission de la bonne direction donnée aux travaux, ainsi que MM. Besse et Rieu , du remarquable

rapport qui témoigne si bien de leur travail et de
leur intelligence. M. Granier fait ressortir combien,
dans cette circonstance, l'Association de la Chambre
de Commerce et de la Société d'Agriculture a été
féconde. Il ne doute pas que cette union sanctionnée
par de tels résultats ne permette de poursuivre avec plus de succès encore le cours des
expériences entreprises. Les ressources financières,
si celles qui existent encore ne suffisaient pas, ne feront
pas défaut ; car, outre le concours de l'administration,
dont on peut être certain, on pourrait toujours compter
sur celui des commerçants dont le dévouement à
cette œuvre ne saurait être mis en doute.

L'Assemblée s'associe aux remercîments et au
vœu exprimés par M. Granier et adopte à l'unanimité sa proposition de continuer les essais tant
agricoles qu'industriels.

M. le Marquis de l'Episne demande la parole et
s'exprime en ces termes :

« Messieurs,

« Après les bonnes paroles que M. Granier vient de pro-
noncer, et les éloges justement mérités qui ont été donnés à
Monsieur le rapporteur, je croirais manquer à tous mes de-
voirs, et j'avoue que j'emporterai un regret, si je ne prenais
pas la parole, à mon tour, pour remercier au nom de la Société d'Agriculture de Vaucluse, Monsieur Valabrègue l'honorable président de la Chambre de Commerce, et mon savant
collègue et ami M. Jules Olivier, président de la Commission
des Essais, qui par leur exemple, leur haute influence ont assuré le succès de notre souscription, et l'organisation de la
Commission mixte. Permettez-moi encore d'adresser mes remercîments les plus sincères et les plus vifs à tous les membres de la Chambre, et aux représentants du haut commerce

que l'on trouve toujours disposés à venir en aide à l'industrie agricole, toutes les fois que l'on fait appel à leur dévouement.

« Ce n'est pas la première fois que j'ai l'honneur de prendre la parole dans cette enceinte ; je me rappelle toujours avec reconnaissance la bienveillance avec laquelle j'ai été accueilli par M. Joseph Verdet qui était alors votre président lorsque vous avez bien voulu me recevoir parmi vous, il y a déjà 12 ans.

« Je suis heureux d'avoir à constater que sur les questions agricoles, comme sur les questions commerciales et économiques, la Société d'Agriculture de Vaucluse et la Chambre de Commerce d'Avignon ont toujours marché d'accord, ont toujours soutenu les mêmes principes.

« La Commission des Essais qui a tant de droits à nos éloges a réalisé dans Vaucluse l'union de l'agriculture, du commerce et de la science, union féconde qui produit partout où on est parvenu à l'établir, comme à Montpellier par exemple, les meilleurs résultats. J'espère, Messieurs, que cette union se maintiendra ; je vous proposerai de la cimenter encore, à l'occasion du concours régional agricole qui aura lieu, au mois de mai prochain, en ouvrant à Avignon, sous le patronage de la Société d'Agriculture de Vaucluse et de la Chambre de Commerce d'Avignon, des conférences qui auront pour objet de réunir les exposants et les délégués de tous les départements de la région, de leur faire connaître la situation de nos principales industries et particulièrement de l'industrie garancière, de leur exposer l'état de la viticulture et de la sériciculture, et de provoquer tous les renseignements, toutes les communications qu'on voudrait bien nous apporter.

« Je peux vous donner l'assurance que cette pensée, que vous paraissez accueillir avec sympathie, rencontrera auprès de M. Halna-Dufretay, inspecteur général, chargé de présider le concours agricole d'Avignon, l'accueil le plus empressé, et que cet éminent fonctionnaire si dévoué aux intérêts de l'agriculture sera heureux et flatté de se mettre en relation avec les hommes distingués qui composent la Chambre de Commerce d'Avignon. »

M. le Président remercie, tant au nom de la Chambre, qu'en son nom personnel, M. le Marquis de l'Espine des paroles sympathiques qu'il vient de leur adresser. Il est heureux de rendre un sincère et chaleureux témoignage du concours éclairé et dévoué que la Chambre a trouvé dans la Société d'Agriculture et dans son digne Président. Il espère que cette nouvelle association proposée par M. de l'Espine, à l'occasion du concours régional, produira des résultats encore plus importants pour notre région et il peut être assuré que la Chambre de Commerce donnera son concours le plus complet à une œuvre aussi éminemment patriotique.

M. Yvaren, tout en reconnaissant l'importance de la question de la sélection des graines de garance et du renouvellement des semences en allant les chercher aux pays d'origine, pense qu'en présence des progrès immenses que fait la science chaque jour, il est permis d'espérer qu'on découvrira les moyens de reconnaître les meilleures gra'nes produites dans nos pays et qu'on pourra suppléer ainsi à l'insuffisance de la production ou à la fraude des graines étrangères. Il demande, en conséquence, si on ne pourrait pas indiquer un procédé facile pour reconnaître les meilleures semences produites dans nos pays.

M. Leenhardt pense que la diminution de la production des garances tant au point de vue de la quantité que de la qualité, doit être attribuée surtout à la dégénérescence de nos semences ; que celles récoltées chez nous ne donnent naissance qu'à des plantes moins riches en principes colorants, qu'il convient dès-lors de poursuivre avec plus de soin encore les études de sélection de graines déjà entreprises par la Commission.

M. Olivier reconnaît qu'il existe des procédés scientifiques pour reconnaître la qualité des graines, et distinguer les bonnes des mauvaises, mais ils sont d'une application souvent difficile et ne sauraient être mis à la portée de tous les agriculteurs. ·

Plusieurs sont employés avec succès pour les betteraves. Pour la garance, il a fait de nombreuses expériences desquelles il résulte que la bonté de ces graines, comme valeur germinative serait en rapport direct avec la quantité d'azote qu'elle contiennent. Mais ce procédé est trop scientifique et ne peut être employé par tous les agriculteurs.

M. Yvaren demande si, en imprimant le rapport qui, à cause de son importance et des détails techniques qu'il renferme, ne saurait être distribué à toutes les personnes que la question intéresse et surtout aux agriculteurs, il ne conviendrait pas d'en faire faire un résumé ou d'en prendre, en extrait, les conclusions et de les faire imprimer et distribuer à un très grand nombre d'exemplaire dans les campagnes.

MM. de l'Espine et Leenhardt font remarquer qu'en raison de la nouveauté de la culture des récoltes des garances de 6 mois, dont les expériences ne sont pas assez certaines et dont les résultats sont encore discutables, il y aurait danger, peut-être, à exposer les agriculteurs à se livrer à ce genre de culture. Lorsque le rapport sera imprimé la commission, jugera ce qu'il y aura à faire au point de vue de la publicité qu'il conviendra de lui donner pour tenir les agriculteurs au courant de ce qui a été fait, et de ce qui peut les intéresser le plus directement.

M. le Marquis de l'Espine propose d'adresser le rapport imprimé à M. le Ministre de l'Agriculture et du Commerce, ainsi qu'à M. Halna-Dufretay, inspecteur général de l'agriculture, chargé de présider le concours régional agricole d'Avignon. Il ne doute pas, qu'avec la connaissance que ce dernier a déjà des travaux de la Commission et en présence des résultats importants obtenus, il n'appuie de sa haute influence les demandes que nous aurons à adresser à l'administration supérieure dans l'intérêt de l'agriculture de notre pays si cruellement éprouvée depuis plusieurs années.

M. Leenhardt propose d'émettre un vœu auprès du gouvernement pour la création d'une station agronomique à Avignon.

L'importance de notre département au point de vue de la sériculture, de la viticulture, de la production agricole en général et surtout de celle de la garance, si fortement compromise en ce moment, rendent une institution de cette nature presque indispensable. Le laboratoire de chimie créé déjà par la Commission des Essais formerait la base de cet établissement et rendrait les plus grands services, soit pour l'analyse des terres et surtout des engrais de toute nature dont la consommation est si importante, soit pour toutes les expériences industrielles et agricoles qui fourniraient un aliment très puissant à l'entretien de ce laboratoire.

Cette proposition est adoptée à l'unanimité.

M. le Président résumant la délibération, rappelle que l'Assemblée, après avoir voté des remercîments à la Commission mixte, ainsi qu'à MM. Besse et Rieu qui ont présidé aux essais et rédigé le rapport, a pris les décisions suivantes :

1° Impression du rapport in extenso et d'un résumé, s'il y a lieu, pour être distribué à un très grand nombre d'exemplaires.

2° Continuation des essais, suivant les conclusions du rapport.

3° Entente de la Chambre de Commerce et de la Société d'Agriculture dans le but de réunir les exposants et les délégués de tous les départements de la région et d'organiser des conférences sur la situation de nos principales industries et principalement sur l'industrie garancière, ainsi que sur l'état de la sériciculture et de la viticulture et de provoquer tous les renseignements et toutes les communications pouvant intéresser la région.

4° Vœu à émettre pour la création d'une station agronomique avec laboratoire de chimie industrielle et agricole.

Toutes ces propositions votées à l'unanimité, seront imprimées avec la présente délibération qui sera annexée au rapport.

LES MEMBRES DU BUREAU :

J. VALABRÈGUE, *Président de la Chambre de Commerce et de la Commission mixte.*

J. OLIVIER, *Président de la Commission des Essais.*

Marquis DE L'ESPINE, *Président de la Société d'Agriculture.*

A. BESSE, *Vice-président de la Commission mixte et des Essais, chargé de la direction des Essais.*

A. RIEU, *Membre de la Commission mixte et des Essais, chargé de la partie chimique.*

H. BERTON, *Trésorier de la Commission mixte et des Essais.*

J. DUMAS, *Secrétaire.*

MÉMOIRE

SUR LES ESSAIS D'AMÉLIORATION

DE LA

CULTURE DE LA GARANCE

PRÉSENTÉ A LA CHAMBRE DE COMMERCE D'AVIGNON

ET A LA SOCIÉTÉ D'AGRICULTURE DE VAUCLUSE

le 20 janvier 1875

PAR MM. AUG. BESSE

Vice-Président de la Commission des Essais

et ALFRED RIEU, *Membre de la dite Commission*

MESSIEURS,

Lorsque en présence du développement croissant de la production de l'alizarine artificielle, vous avez, en avril 1873, institué la *Commission des Essais pour l'amélioration de la culture de la Garance*, vous avez donné à cette Commission un mandat difficile mais honorable à remplir, celui de mettre, par des recherches laborieuses et patientes, notre culture et notre industrie garancière à même de lutter contre la concurrence sérieuse dont elles étaient

1

menacées par la découverte de produits rivaux que les progrès de la chimie moderne venaient d'obtenir des dérivés de la houille.

En acceptant ce mandat, votre Commission en a compris toute l'importance ; elle en a aussi pressenti toutes les difficultés ; elle ne s'est point dissimulé les lenteurs inhérentes aux expériences du genre de celles qu'elle allait entreprendre, c'est-à-dire aux expériences agricoles, les tâtonnements, les mécomptes même que pourraient lui occasionner des études sur la physiologie végétale d'une plante qui, comme la garance, a été si peu étudiée jusqu'à ce jour dans sa nature intime et dans les modifications que ses principes constitutifs subissent pendant les phases de leur longue végétation. Mais devant l'utilité du but à atteindre, devant les hauts et puissants encouragements qu'elle a reçus de toute part, la Commission a cru devoir faire taire ses appréhensions et essayer, au moins par dévouement, de ne pas rester trop au-dessous de la tâche que vous lui avez confiée. Et, disons-le de suite, cette tâche lui a été grandement facilitée par les ressources qui ont été mises à sa disposition et l'appui moral que vous lui avez donné. Ces ressources, dès le début, ont été dûes uniquement à l'initiative privée, et ce n'est pas un des moindres mérites de votre œuvre, car, au temps où nous sommes, on est trop oublieux de la maxime : *Aide-toi, le ciel t'aidera*, et on est trop enclin à réclamer sans cesse l'appui ou l'intervention de l'État chaque fois qu'il y a quelque chose à entreprendre, au lieu de ne compter que sur ses propres forces. Ce sont Messieurs les Négociants en garances de nos contrées qui les premiers sont venus apporter à votre Commission les éléments indispensables pour commencer ses travaux. Ils ont ouvert parmi eux, avec un empressement égal à leur générosité, une liste de souscription, sur laquelle Monseigneur l'Archevêque d'Avignon, donnant l'exemple d'une sollicitude éclairée pour toute question, de quelque ordre qu'elle soit, touchant aux intérêts généraux de notre pays, a voulu inscrire un des premiers son nom. Cette souscription a produit les sommes largement suffisantes au début de l'œuvre projetée ; les subventions de l'État, du Conseil général de Vaucluse et de la Ville d'Avignon sont venues ensuite aider à sa continuation. Enfin la Société d'Agriculture de Vaucluse, dont la modicité des ressources et d'un budget trop restreint paralysent souvent le bon vouloir, a tenu à honneur d'apporter son obole pour la défense des intérêts communs de l'industrie et de l'agriculture.

Dans les précédents rapports que nous avons eu l'honneur de vous présenter, nous avons développé le programme des études que la Commission se proposait d'entreprendre, ainsi que les dispositions prises par elle pour la mise en œuvre de ses expériences. Aujourd'hui nous venons vous rendre compte des premiers résultats obtenus, des faits qui ont été observés par ceux des membres de la Commission qui ont eu plus spécialement la charge de diriger et de surveiller les essais, ainsi que des conséquences qu'ils ont cru pouvoir en tirer. Nous n'avons pas la prétention de vous présenter actuellement des résultats définitifs : la lenteur obligée du genre des expériences entreprises, ainsi que la nécessité de répéter plusieurs fois ces expériences pour arriver à des moyennes offrant des garanties suffisantes de précision, nous obligent à demander à un temps plus long que celui qui s'est écoulé depuis le commencement de nos travaux et à des essais multipliés la consécration définitive des observations que nous allons vous soumettre. Ces observations néanmoins sont autant de pas faits en avant dans la voie que nous nous sommes tracée et au terme de laquelle nous espérons arriver par votre concours et notre persévérance.

Les essais sur lesquels ont porté les études de la Commission se divisent en 4 catégories :

1° Essais en plein champ d'engrais chimiques sur garances semées au printemps de 1873.

2° Essais de combinaisons diverses de sels chimiques sur garances en vase et en plein champ.

3° Essais sur la richesse en matière colorante des racines de garances extraites de mois en mois.

4° Expériences faites au jardin d'essai, comprenant : les essais d'un plus grand nombre de combinaisons de sels chimiques, ceux sur la valeur de la matière colorante des graines étrangères, ceux enfin sur la sélection des graines étrangères et indigènes.

Avant d'entrer dans les détails de ces diverses catégories de nos expériences, nous pensons qu'il ne serait pas sans intérêt de faire un examen rétrospectif de la culture de la garance, et de préciser les motifs qui, puisés dans l'appréciation de sa situation actuelle, ont déterminé la Commission à porter ses études et ses recherches sur les divers ordres d'essais que nous venons d'indiquer.

Il est un fait généralement admis aujourd'hui par les agriculteurs, c'est que le rendement de nos terres à garances n'est plus ce qu'il était autrefois, et que depuis 25 à 30 ans ce rendement s'est graduellement et d'une façon presque continue, abaissé jusqu'à aujourd'hui. Si nous consultons la collection des *Bulletins* de la Société d'Agriculture de Vaucluse, vaste répertoire de précieux et intéressants documents sur toutes les branches de nos cultures indigènes, nous voyons que le cri d'alarme sur la dégénérescence des terres soumises à la culture de la garance a commencé à retentir dès 1852. Cette dégénérescence a des causes multiples, mais il en est deux sur lesquelles les agriculteurs vauclusiens se sont unanimement appesantis : la culture trop souvent répétée dans les mêmes terres de notre précieuse rubiacée et l'appauvrissement des facultés germinatives de la graine, par suite d'un renouvellement trop constant sur place et des procédés vicieux généralement employés pour la récolte de cette dernière.

A l'appui de ce que nous venons d'énoncer, laissez-nous vous citer les opinions de plusieurs agronomes distingués, qui, à diverses époques, se sont occupés de la question des garances et dont les travaux à ce sujet sont relatés dans les bulletins de notre Société d'Agriculture.

En 1852, dans un mémoire sur l'irrigation, M. le docteur Cade dit : « On remarque pour la garance qui fait « la richesse de notre département, que certains terrains « en produisent beaucoup moins qu'anciennement. Il sem- « ble que la terre s'épuise à produire cette précieuse ra- « cine, malgré les soins qu'on lui prodigue. Cette diminu- « tion de produit doit sans doute être attribuée au défaut « d'alternance dans la culture. »

Nous trouvons dans un excellent mémoire sur la mala- die de la vigne et de la garance publié en cette même année 1852, par M. Louis Fabre, directeur de la ferme école de Vaucluse, les lignes suivantes : « Quant aux garances, il « n'est que trop prouvé aujourd'hui que le rendement en « poids est moindre que celui des autres années. Si ce « déficit se remarque davantage sur les alizaris des paluds, « nous devons l'attribuer à l'absence des assolements et « à la culture presque exclusive qu'on y fait de cette « plante. Les propriétaires de ces terres privilégiées ont « fait comme ces hommes herculéens, qui, n'ayant aucun « souci des conséquences, abusent de leur force, et altè- « rent bien souvent leur santé plus rapidement que d'au « tres moins robustes qui calculent tous les actes de leur « vie et ménagent hygiéniquement leur existence. De- « puis plusieurs années, les propriétaires de ces riches « terrains s'aperçoivent d'une diminution sensible, gra- « duelle dans la production de leurs racines. »

Le même auteur signale en outre, comme une des cau- ses de cette diminution, l'affaiblissement organique de la plante, qui nous est démontré dans toutes nos con- trées par le coulage de la semence, et qui oblige les cultivateurs à employer pour les ensemencements une quantité de graines plus considérable que celle usitée autrefois.

Dans le discours prononcé en 1858 à la distribution des prix du concours régional par M. Rendu, inspecteur géné-

ral de l'agriculture, cet éminent agronome, à propos de
la question des garances, s'exprime ainsi : « Le sol, dites-
« vous, ne rend plus ce qu'il donnait autrefois, et vous
« alléguez, par exemple, ces Paluds qui repoussent aujour-
« d'hui la garance. Le mal est grand, j'en conviens ;
« n'avez-vous pas abusé des ressources du terrain, et la
« spéculation trop avide n'a-t-elle pas surchargé de récol-
« tes épuisantes un sol exceptionnel qu'il eût été prudent
« de ménager ? Modifiez vos assolements, éloignez davan-
« tage le retour des mêmes plantes sur le même champ,
« relevez par le défoncement et d'abondantes fumures
« votre terre affaiblie, ruinée, et bientôt elle sera régé-
« nérée. » L'illustre auteur du traité d'agriculture, dont
le nom fait autorité dans le monde agricole, M. de
Gasparin, dans un remarquable article publié en 1856
dans le cours d'agriculture pratique, signale l'abaissement
du produit des terres à garances de Vaucluse et insiste
sur la nécessité de faire revenir moins souvent cette
culture dans les mêmes terres et de régénérer nos graines
par une sévère sélection ou de les renouveler en les
puisant au pays d'origine.

Un écrivain distingué, dont la compétence sur toutes
les questions agricoles et sur celle des garances en particulier est justement appréciée de tous ceux qui l'ont
connu, feu M. Auguste Picard, l'un des vice-présidents
les plus regrettés de notre Société d'agriculture, constate
dans les nombreux écrits qu'il a publiés sur la question
des alizaris, le vice du système d'assolement employé
pour cette culture, son défaut d'alternance avec les
autres récoltes, comme devant rendre plus sensible à
l'avenir l'abaissement de produits signalé depuis quelques
années ; il indique la nécessité d'ajouter par des engrais
chimiques au fumier de ferme les éléments que ces derniers ne contiennent pas en quantité suffisante pour une
récolte aussi absorbante que celle de la garance, enfin les
avantages qu'il y aurait à régénérer nos graines trop
renouvelées sur place, et surtout à apporter plus de soins
à leur récolte dans nos pays.

Pour terminer l'énumération déjà un peu longue des opinions des divers agronomes sur la diminution du rendement des terres à garances et sur leurs causes, nous vous citerons quelques réflexions extrêmement concluantes à ce sujet, qu'exprimait en 1860 M. de Gasparin, dans une brochure intitulée : *Avis aux agriculteurs sur la culture de la garance*. Nous ne croyons pouvoir mieux faire que de placer sous vos yeux le texte même d'un passage de cette intéressante publication : « Sans doute, la culture de la « garance, dit M. de Gasparin, est très importante pour la « masse et la valeur de ses produits et par les richesses « industrielles auxquelles elle donne naissance, en raison « des manipulations que le commerce lui fait subir ; mais « elle est peut-être encore plus importante comme élément « d'un assolement adapté à notre sol et à notre climat et « permettant, comme culture fumée, sarclée et profonde, « de demander ensuite à la terre une succession de riches « produits avec des frais minimes.

« Il arrive malheureusement trop souvent que le béné- « fice actuel à retirer de la vente des racines fait perdre « de vue le rôle bien plus considérable et bien plus fruc- « tueux que la culture peut jouer pendant une longue « période d'années ; il arrive trop souvent encore qu'on « demande à la terre à de trop courts intervalles cette « précieuse production ; et alors la terre, qui obéit aux « labeurs et aux patients, se refuse aux vœux des im- « patients, et, d'après une loi générale en agriculture, « ne donne plus que parcimonieusement une récolte « trop souvent redemandée. »

« C'est là la seule véritable cause des plaintes que nous « entendons de toutes parts au sujet de l'appauvrissement « de nos terres ; il semblerait, à les entendre, que la « nature est sortie de sa jeunesse soi-disant éternelle, et « que nous payons les frais de sa caducité ; or, ce n'est « pas la caducité de la nature qu'il faut accuser, mais « uniquement notre imprudence, ou, si l'on veut, une « avidité mal calculée, qui sacrifie l'avenir au présent. »

Voilà, Messieurs, des opinions nettement exprimées, et vous reconnaîtrez que la haute expérience, ainsi que le savoir des hommes qui les ont formulées nous autorisent bien à les accepter comme fort probables.

Voyons maintenant si l'expérience des années qui ont suivi celles où ont été publiées les écrits des agronomes que nous venons de citer, est venu corroborer leurs opinions et justifier les appréhensions qu'ils manifestaient pour l'avenir de notre culture garancière. Pour ce faire, examinons la situation actuelle de cette culture et comparons-la à ce qu'elle était autrefois au double point de vue du rendement moyen par contenance de terre déterminée et de la quantité de semence employée.

Au début de la culture de la garance dans notre pays, non point précisément pendant la période qui a suivi l'introduction de cette plante dans le Comtat, période pendant laquelle cette culture fut peu importante en raison de diverses circonstances particulières, mais à partir de 1816, époque où elle prit une véritable importance, le système d'assolement des terres était alors le système décennal ou même duodécennal, c'est-à-dire que la garance ne venait qu'une seule fois dans une période de 10 ou 12 années. La jachère était à cette époque encore en usage. Plus tard cet assolement est réduit, la jachère est peu à peu supprimée, à l'assolement décennal succède l'assolement septennal, et de réduction en réduction on est arrivé aujourd'hui dans certaines terres à voir la garance succéder à la garance avec alternance d'une culture de blé seulement, ce qui constitue une simple rotation de garance et de blé.

Se persuadant à tort que les dangers de cette trop courte rotation de blé et garance, pouvait être compensée par une plus grande quantité d'engrais et surtout de trouille, on a tellement excité et épuisé le sol, en lui enlevant sans cesse les sels utiles à la garance et que ces engrais ordinairement usités ne lui restituent pas en quantité suffisante, que l'on devait forcément arriver à l'abaissement de produit dont on se plaint aujourd'hui. Aussi qu'est-il arrivé de cet abandon des anciens assolements et du retour trop répété de la garance dans une même terre ? C'est qu'autrefois le rendement des alizaris était pour les paluds de 12 et jusqu'à 14 quintaux de 50 kilog. par éminée (douzième d'hectare) et pour les rosés de 8 et 9 quintaux ; aujourd'hui il s'est abaissé à 8 ou 9 quintaux pour les paluds et à 4 ou 5 pour les rosés, et même pour ces dernières jusqu'à 3 et quelquefois 2. Voilà les résultats auxquels a contribué pour sa part le défaut d'alternance de culture dans les mêmes terres ; voyons maintenant le rôle que joue dans ces résultats la mauvaise qualité de graines.

Autrefois, avant que la culture de la garance fût aussi répandue, on apportait à la cueillette des graines des soins et des ménagements qu'un amour inconsidéré du lucre a fait malheureusement abandonner depuis long-temps ; on marquait dans le champ à garance les plantes les plus vigoureuses, on laissait ces espèces de porte-graines mûrir complètement leur produit et on coupait avec des ciseaux les plus petites brindilles portant la graine bien mûre ; tandis qu'aujourd'hui on ramasse avec une faucille indistinctement les graines mûres et les graines vertes, et on imprime à ces dernières une couleur noire en leur faisant subir un commencement de fer-mentation au milieu des tas de tiges qu'on laisse intacts pendant un certain laps de temps. Aussi, au début de la culture, 60 kilos de graines par hectare étaient jugés suffisants ; actuellement on en emploie 150, 200 et jus-qu'à 240 kilos, selon le degré de confiance qu'inspire la graine achetée sur les marchés. Ces chiffres, Messieurs, ne vous étonneront point, si vous voulez fixer votre attention sur les résultats de quelques essais que nous avons faits sur la valeur germinative de différentes grai-nes de garances de nos pays. Nous avons pris trois quali-tés de graines récoltées dans les environs d'Avignon, l'une indiquée comme bonne, l'autre assez bonne, la troisième faible. Ces trois qualités ont été essayées au moyen d'un procédé fort simple et que vous connaissez probablement. Ce procédé est celui-ci : Après avoir mis les graines qu'on veut essayer entre deux morceaux d'étoffe de laine bien épaisse et bien humectée d'eau ou dans du coton mouillé, de manière que ces graines ne se touchent pas entre elles, on met le tout dans une soucoupe sur une cheminée ou dans un appartement ayant une température de 15 à 16°. Dès que la superficie du drap ou du coton commence à sécher, on humecte de nouveau. Au bout de quelques jours les bonnes graines germent et les mauvaises se moisissent et restent inertes. Traitées par ce moyen, nos graines de pays ont donné :

Celles dites bonnes 43% de perte.
    id.   assez bonnes 54% id.
    id.   faibles 63% id.

Il n'est pas surprenant que nos graines de pays présentant de pareilles non-valeurs, les agriculteurs aient cru devoir augmenter proportionnellement la quantité de celles employées pour les ensemencements.

De cette nécessité de tripler, de quadrupler même la quantité des graines semées, bien justifiée par leur peu de valeur indiquée par les expériences ci-dessus, il ressort ce fait fort probable que la constitution organique de nos graines de garance doit être considérablement affaiblie. Cet affaiblissement ne peut être attribué qu'à leur renouvellement trop constant sur place et au manque des soins nécessaires à leur récolte, soins qui font généralement défaut aujourd'hui. Ce fait est tellement vrai, qu'ayant fait venir, pour les expériences de notre jardin d'essai dont nous parlerons tout à l'heure, des graines choisies et récoltées avec tous les soins désirables de Naples, de Smyrne et de Syrie, ces graines ne nous ont donné, aux essais de germination, que des pertes de 6 à 7 0/0, ce qui constitue une immense différence entre la valeur de ces dernières et celle de nos graines d'Avignon constatée ci-dessus. De plus, à l'appui de l'inconvénient que nous signalons du renouvellement sur place, nous vous ferons remarquer qu'en 1852, la récolte de la graine de garance ayant été presque nulle par suite d'intempéries extraordinaires, le commerce importa de Naples et de Smyrne la presque totalité des graines nécessaires aux ensemencements, de Naples qui naguère l'avait reçue de nous, de Smyrne d'où Althen l'avait jadis apportée dans nos campagnes. Or, qu'arriva-t-il ? C'est que la récolte de racines fut en 1854 la plus considérable que nos contrées aient jamais produite, car jusque là on ne l'avait évaluée qu'à 500 mille quintaux, et en cette année elle fut de plus de 650 mille quintaux. De plus, cette influence du renouvellement de la graine ne se fit pas seulement sentir sur la quantité de garance produite, mais encore sur la qualité, car nos fabricants et notamment ceux de garancine constatèrent que les racines récoltées en 1854 et 1855 furent généralement douées des meilleurs principes colorants. Ce dernier fait a une importance capitale ; il démontre d'une manière palpable que l'on peut obtenir par le renouvellement de la semence, en la puisant, soit aux pays d'origine, soit aux pays où elle est plus soignée, des résultats avantageux et immédiats.

Il est encore une autre cause qui, selon nous, vient aussi apporter son contingent dans l'abaissement du rendement actuel de nos alizaris, et qui, si elle joue dans cet abaissement un rôle plus secondaire et moins général que les deux grandes causes que nous vous avons indiquées, a néanmoins son importance et mérite d'être signalée : c'est le procédé, de plus en plus négligé, employé pour l'arrachage des racines.

Autrefois l'extraction de la garance à bras d'hommes au moyen de la bêche ou de la houe, était le plus généralement usitée. Les agronomes ne sont point parfaitement d'accord sur le coût moyen par hectare de ce mode d'arrachage ; ce coût en effet varie beaucoup selon la nature du terrain, selon la durée et le prix des journées ; quelques-uns l'ont porté à fr. 750 par hectare, d'autres l'ont réduit à fr. 600 ; nous pensons être plus près de la vérité en le plaçant entre 600 et 650. *(180 journées à l'hectare soit 15 journées à l'éminée de 854 ares, à raison de fr. 3,50 en moyenne par journée, total fr. 630.)*

Ce dernier chiffre constitue une dépense élevée que les agriculteurs ont pu aisément supporter tant que le prix des alizaris s'est maintenu à un taux élevé ou que les rendements en racines ont été largement rémunérateurs : mais au fur et à mesure que par telles ou telles circonstances commerciales le prix des garances a diminué ou que les rendements de terres de leur côté ont suivi cette progression rétrograde, on a dû chercher des moyens d'extraction plus économiques, et on a eu recours aux grands instruments aratoires.

A côté de l'arrachage à bras, sont venus se placer ceux au moyen de la charrue à défoncement à 16 colliers, du cabestan à double effet, dit appareil Garcin, puis de la charrue à 8 colliers. Avec la charrue à 16 chevaux, la dépense a été réduite à fr. 500 par hectare, avec celle à 8 à fr. 400, avec le cabestan Garcin à fr. 340. Il est regrettable que ce dernier appareil, soit à cause de certains défauts qu'on lui reprochait, soit par suite du peu d'encouragement dont il a été l'objet, n'ait pas été plus perfectionné et par conséquent plus usité pour l'extraction des racines de garance.

Tant que les charrues à 16 ou à 8 colliers ont été employées dans les conditions normales et convenables, c'est-à-dire que l'on a affecté à leur service le nombre d'ouvriers nécessaire et nous devons même dire indispensable à leur bon fonctionnement, il est incontestable que ce mode d'arrachage a donné sur celui à bras des avantages réellement économiques. Mais le prix des garances, sous l'influence de causes diverses, s'étant peu à peu abaissé, beaucoup d'agriculteurs ont cherché, par un motif d'économie mal entendu, à diminuer encore les frais d'extraction en réduisant soit le nombre des chevaux de l'attelage des charrues, soit le nombre des manouvriers

employés à compléter le travail de ces dernières. Aux
charrues à 16 et 8 colliers nous voyons succéder celles
à 6 et même celles à 4 ; nous voyons le nombre d'ouvriers
se réduire proportionnellement, et nous pourrions citer
certains endroits où, de réduction en réduction et au
lieu de l'emploi de la charrue à 8 bêtes servie par 16
hommes et 32 femmes, nous avons vu faire l'extraction
avec une petite charrue attelée de 2 chétifs chevaux et
servie par 2 hommes et 4 femmes ou enfants. Il est évident qu'avec un pareil procédé il n'y a plus d'arrachage
sérieux possible, et conséquemment d'arrachage rémuné-
rateur. Les quelques racines que l'on reprochait au
système des grandes charrues de laisser en terre, et
qui ne constituaient pas pour les détracteurs de ce système une raison sérieuse et suffisante à invoquer contre
son emploi, deviennent actuellement, par l'énorme augmentation de leur nombre, la principale objection contre
le procédé de plus en plus défectueux d'extraction que
nous signalons. En effet, si les grandes charrues, descendant dans la terre jusqu'à une profondeur moyenne de
35 à 40 centimètres, n'atteignent pas toujours les racines
jusqu'à leurs extrémités et en abandonnent ainsi quelques
parcelles, combien ne doit pas en laisser la charrue à 4
colliers qui ne creuse qu'à 20 ou 22 centimètres et surtout
celle à 2 chevaux qui n'atteint qu'une profondeur de 12
centimètres et souvent même moins? Si les 48 ouvriers
qui servent la charrue à 8 colliers oublient quelques racines dans les sillons soumis à leur surveillance et dont l'é-
tendue est proportionnelle au temps nécessaire à l'accomplissement régulier de leur tâche, combien ne doivent pas
en laisser involontairement et même volontairement les
24 ouvriers qui seulement accompagnent la charrue à 4
colliers et qui, vu leur nombre réduit ont, une étendue de
sillons plus considérable à surveiller, sans parler des 6
ouvriers qui avec la charrue à 2 chevaux font cette opération que nous ne craignons pas d'appeler un simulacre
d'arrachage ?

Aussi que voyons-nous ? avec la réduction croissante du nombre de chevaux d'attelage, les charrues ayant moins de force ne creusent plus que la surface du sol, coupent les racines à moitié, au tiers de leur longueur et laissent le reste en terre ; avec la réduction du nombre des ouvriers, ceux-ci ont une plus grande étendue de sillons à surveiller, ne peuvent avoir par conséquent le temps normalement voulu pour accomplir leur travail, et abandonnent au sol une certaine quantité de racines soit par négligence volontaire, soit par impossibilité indépendante de leur volonté de suffire à la tâche qui leur est fixée. De là, perte dans le rendement de la terre et finalement diminution inévitable du produit, eu égard à celui obtenu lorsque l'arrachage est fait dans de bonnes et régulières conditions. Nous pensons donc avec quelque raison que le procédé de plus en plus défectueux des arrachages des racines vient apporter sa cote part dans l'abaissement incontesté aujourd'hui de nos terres à garance.

En présence des causes précises, évidentes, que nous venons de passer en revue, du malaise de la situation actuelle au point de vue agricole, malaise que la concurrence de l'alizarine artificielle est venue encore aggraver, devant les opinions émises à ce sujet et d'une valeur aussi incontestable que celles des agronomes que nous avons cités, il était urgent de chercher à améliorer, à régénérer, pour ainsi dire, notre culture garancière et de forger de nouvelles armes pour lutter contre la rivalité croissante de produits nouveaux. C'est pourquoi nous avons tout naturellement porté nos recherches, d'une part sur la possibilité de remédier à l'épuisement du sol et à la diminution du produit en racines au moyen de combinaisons judicieuses d'engrais chimiques à ajouter au fumier de ferme insuffisant, et d'autre part sur les moyens d'obtenir une augmentation du produit de la matière colorante en cultivant les diverses variétés de garances connues dans les différents points du globe, mais encore inconnues chez nous. Enfin, nous nous sommes demandé

si en nous procurant des graines de choix, si en soumettant ensuite le produit de ces graines à une sélection
sévère, nous ne pourrions pas trouver dans ce dernier ordre d'expériences un appoint important et peut-être décisif pour l'amélioration de notre culture garancière, sous
le double rapport de la quantité et de la qualité du rendement.

Nous allons maintenant vous exposer les détails des
diverses catégories de nos expériences.

CHAPITRE Iᵉʳ.

*Essais d'Engrais chimiques en plein champ sur Garances
semées au printemps de 1873.*

Frappée de la diminution toujours croissante des récoltes de garance, attribuée en partie, comme nous venons de
le voir, par la généralité des agronomes, à l'épuisement
du sol en principes utiles à la végétation, votre Commission
crut devoir chercher à modifier cet état de choses au
moyen des engrais chimiques apportant à la terre un sur-
croît de matières fertilisantes.

Vous connaissez, Messieurs, les idées qui nous ont poussés
à adopter les formules d'engrais chimiques, compléments
du fumier de ferme et qui ont fait la base de nos essais ;
ces idées ont été développées dans les précédents rapports
que nous avons eu l'honneur de vous présenter.

A l'époque où nous entreprîmes nos expériences, nous
n'avions aucune donnée, aucune étude antérieure qui
pussent nous guider dans la voie que nous devions suivre
et dans les essais que nous voulions entreprendre. Tout
était à créer ; de plus, le temps pressait ; on voulait que
la Commission à peine nommée commençât de suite ses
travaux ; les ensemencements de garance touchaient généralement à leur fin, et sous peine de renvoyer les expériences à l'année suivante, il fallait profiter des dernières
semailles pour appliquer de suite les engrais dont on voulait

tenter l'essai. Nous dûmes donc courir au plus pressé et adopter les deux formules d'engrais qui nous parurent les plus en rapport avec les exigences de notre précieuse plante tinctoriale, tout en ne nous dissimulant pas les mécomptes qui pourraient dériver pour nous de l'application à toute espèce de nature de sol d'une seule et même formule ; nous disons d'une seule formule, car, bien que nous en ayons employé deux, la seconde n'est qu'une modification de la première, au point de vue économique seulement. Aujourd'hui, nous voyons, grâce à l'abondance des renseignements que nous puisons dans nos propres travaux, que le problème à résoudre au moyen de l'emploi des engrais artificiels était beaucoup plus ardu, beaucoup plus complexe que nous ne l'avions supposé. Aussi, à mesure que ces renseignements devenaient plus nombreux, nous avons eu la précaution de vous prémunir contre un entraînement peut-être trop confiant dans un succès immédiat. Car, ainsi que vous le verrez, au milieu des expériences que nous avons entreprises toutes en même temps, les unes nous ont fourni de satisfaisants résultats, les autres des données tout à fait incertaines, notamment en ce qui concerne les essais d'engrais chimiques en plein champ qui font l'objet de ce paragraphe. Si, par suite de différentes causes dont nous parlerons tout à l'heure, les résultats de ces derniers essais ne sont pas à la hauteur des espérances qu'on avait fondées sur eux, heureusement les expériences en vases et en culture restreinte dans nos champs d'expériences, faites précisément en vue de les contrôler, sont venues, en nous offrant des données plus positives, nous éclairer sur les causes de l'insuccès relatif des essais en plein champ.

Avant d'aller plus loin, examinons, en présence de la nécessité reconnue aujourd'hui d'appliquer au sol la grande loi de restitution, ce que la garance enlève d'éléments utiles à la terre dans les divers assolements où elle entre, et ce qu'il est par conséquent indispensable de fournir à nouveau à cette dernière :

BALANCE DES DIVERS ASSOLEMENTS DANS LESQUELS

ENTRE LA GARANCE *

NATURE DES RÉCOLTES ET POIDS PAR HECTARE.	Potasse.	Acide phosphorique.	Azote.
Assolement triennal.	Kilog	Kilog	Kilog
1re et 2me années.			
Garance. (3400 kilos Racines, 5000 kilos Fanes, 300 kilos Graines).	159	31.3	88
3me année.			
Blé. (17 hectolitres)	23.5	18.5	38.5
	182.5	49.8	126.5
Une fumure de 50,000 kilos de fumier de ferme apporte au sol.	260.5	106.5	225.5
Soit un Gain de	78	57	99
Assolement quadriennal.			
1re, 2me et 3me années.			
Garance et Blé.	182.5	49.8	126.5
4me année.			
Avoine. (25 hectolitres.)	29.5	11.4	32.4
	212	61.2	158.9
50,000 kilos fumier de ferme.	260.5	106.5	225.5
Soit un Gain de	48.5	45.3	66.6

* On suppose dans ces calculs que les éléments fertilisants du fumier de ferme sont intégralement absorbés par les plantes, sans aucune perte.

NATURE DES RÉCOLTES ET POIDS PAR HECTARE.	Potasse.	Acide phosphorique	Azote.
	Kilog	Kilog	Kilog
Assolement septennal.			
1re, 2me et 3me années.			
Garance, Blé.	182.5	49.8	126.5
4me, 5me et 6me années.			
Luzerne, 1re année, 6,000 kilos.	91	30.5	138
« 2me « 12,000 «	182	61	276
« 3me « 12,000 «	182	61	276
7me année.			
Avoine, (25 hectolitres.)	29.5	11.4	32.4
Total.	667	213.7	848.9
Fumure de 50,000 kilos.	260	106	225.5
Perte.	406	107.7	623.4
Assolement de 9 ans.			
1re et 2me année. Garance.	159.5	31.3	88
3me « Blé.	23.5	18.5	38.5
4me « Avoine.	29.5	11.4	32.4
5me, 6me, 7me « Luzerne.	455.5	152.5	690
8me « Blé.	23.5	18.5	38.5
9me « Avoine.	29.5	11.4	32.4
Total.	721	243.6	919.8
50,000 kilos de fumier de ferme.	260	106	225.5
Perte.	461	137.6	694.3

Des assolements ci-dessus, les deux premiers seraient
les meilleurs au point de vue de l'enrichissement de la
terre en principes nutritifs. Ils se soldent tous les deux
par un gain notable pour le sol. Les deux derniers au
contraire font perdre à la terre des doses considérables

d'azote, de potasse et d'acide phosphorique, équivalant
à une fumure de 100 à 150 tonnes de fumier de ferme.

A l'encontre de ce que nous enseignent les calculs
que nous venons de vous montrer, la rotation garance,
blé, suivie ou non d'un autre blé ou d'une avoine est
réputée épuisante, tandis que l'assolement septennal ou
décennal, qui réellement enlève au sol de nombreux
matériaux excessivement utiles à la végétation, passe
dans la pratique agricole pour bien supérieur aux précédents. C'est même à cette rotation que l'on a été obligé
de recourir toutes les fois que les terres, fatiguées d'une
succession trop rapide de cultures garancières, refusaient
de donner des récoltes rémunératrices. Il y a plus : une
luzerne suivie d'une garance avec une fumure initiale de
50,000 kilos de fumier de ferme semble devoir épuiser le
sol en potasse et azote d'une manière inquiétante pour
l'avenir, et cependant ces deux récoltes souffriront moins
de cet amoindrissement dans la récolte accumulée de la
terre, qu'une garance suivie d'un blé, lesquelles, au lieu
d'enlever des matériaux utiles, en ajoutent au contraire de
nouveaux à ceux existant déjà. Cependant la luzerne absorbe de grandes quantités d'azote et peut prospérer même
sur les sols épuisés par le blé ou la garance : or, si les cé-
réales ou les garances qui ont impérieusement besoin
d'azote viennent à merveille après les légumineuses qui
enlèvent de grandes quantités de ce corps, il faut admettre, d'accord en cela avec d'éminents agronomes, que
ces plantes, bien que se nourrissant des mêmes principes, les absorbent sous des formes différentes.

Dans tout terrain, l'analyse chimique décèle, par la
chaux sodée, des quantités considérables d'azote engagé
dans des combinaisons insolubles. L'azote sous cette
forme n'est pas assimilé par le blé ; il doit forcément
l'être par la luzerne et les autres légumineuses qui pro-
spèrent dans des sols où la garance et le blé ne viennent
plus. Nous voyons que les assolements seront d'autant

meilleurs qu'ils embrasseront dans leur rotation des
cultures qui auront une plus grande affinité à se succéder.
Il y a en quelque sorte des attractions et des répulsions
entre les plantes ; chaque culture a une préférence marquée pour telle ou telle autre qui lui succédera ; si la
luzerne vient bien après un blé ; si un blé vient bien après
des pommes de terre ou des betteraves ; si la garance
réussit sur un défrichement de luzerne, la raison en sera
toujours la même : chacune de ces plantes a une disposition à assimiler des sels particuliers que les récoltes
précédentes auront laissés intacts. Si la garance dépouille
les engrais ou la terre d'un sel indispensable à la récolte
du blé, et réciproquement, l'une ou l'autre de ces cultures
n'auront pas beaucoup de chances de réussir en se
succédant. La rotation garance et blé doit, sans aucun
doute, à cet ordre de faits d'être considérée comme plus
épuisante que la rotation décennale, laquelle l'est cependant, non en totalité, il est vrai, mais dans une certaine
mesure.

Il y a longtemps, et nous l'avons déjà dit, M. de Gasparin avait été frappé de la diminution constante du
rendement des terres à garance qu'il estimait à 25 0/0.
Il avait remarqué dans un premier travail qu'il eut occasion de faire sur le rapport existant entre la fumure et la
récolte, que dans les terres paluds 100 kilos de racines
exigeaient 1300 kilos de fumier de litière, soit pour 7 k° 700
gr. de racines, 100 k° d'engrais. Puis, lorsque quelques
années plus tard, il voulait généraliser ces données, il
s'aperçut que, dans les mêmes terrains, par suite du retour trop fréquent de cette plante dans les assolements,
la même quantité de racines exigeait 1450 kilos de ce
même fumier ; il y avait donc un déficit équivalant à
150 kilos de substances nutritives, au détriment de la
terre. Cette provision de substance avait été épuisée et
les racines avaient enlevé 3/26 d'éléments en sus de ceux
fournis par le fumier. De telle sorte que 100 kilos de
fumier ne produisaient plus que 6 k° 800 de racines. Ce

résultat, au reste, ne s'appliquait qu'aux terrains humides et calcaires, car dans les terres plus sèches ou plus argileuses, cette proportion descendait à 2 k° 96 de garance pour 100 kilos d'engrais.

Il y avait donc affaiblissement et épuisement, malgré les fortes fumures, d'un corps d'une nature complexe, agissant puissamment sur la racine de garance et ne pouvant se reproduire dans le sein de la terre que par l'intervention de la jachère ou bien d'une culture amie de la garance et laissant ce corps se reformer sans trouble sous l'influence des réactions qui transforment sans cesse les sels fertilisants contenus dans le sol.

Aussi M. de Gasparin, usant d'une pittoresque expression, avait-il appelé la garance « une plante exigeante et paresseuse qui veut vivre dans l'opulence sans en profiter beaucoup. »

En effet, une fumure de 120 tonnes d'engrais pailleux contient 480 kilos d'azote et ne donne que 3,840 kilos de racines, ce qui établit une proportion de 12 kilos d'azote par 100 kilos de garances.

Mais comme 100 kilos de racines et de fanes ne contiennent que 2 kilos 2 d'azote, la plante de garance n'a absorbé que le 1/6 de l'azote qui lui a été donné.

Il est vrai que l'excédant des corps nutritifs non assimilé n'est pas complètement perdu, mais il le sera d'autant plus qu'il restera plus longtemps soumis aux actions diverses qui tendent à le faire disparaître, soit par l'entraînement des sels assimilables dans le sous-sol, soit par le fait des combinaisons insolubles qui peuvent prendre naissance pendant l'intervalle qui s'écoulera entre une culture ne les absorbant pas et une autre devant se les approprier.

La composition du terrain est aussi une des causes prédominantes de l'action différente du fumier de ferme et des engrais chimiques sur les garances des terres paluds et celles des autres terres. Elle peut seule expliquer les phénomènes que l'on remarque dans les garances qui y sont cultivées.

Dans les terrains paluds, nous trouvons jusqu'à 90°/₀ de calcaire pulvérulent et une humidité constante dans le sous-sol. Sous ces deux influences, les fumiers de ferme que l'on a coutume.d'y enfouir en quantité considérable, sont promptement désagrégés, décomposés, les racines absorbent avec rapidité les éléments qui leur sont nécessaires. Grâce à l'humidité, la plante subit moins les influences des sécheresses de l'été, la végétation est plus continuc, les principes élaborés sont plus abondants, plus concentrés dans elle, et par suite, il y a accumulation de couleur dans les racines des terres placées dans de telles circonstances; de plus, les sels calcaires du sol continuant d'agir sur la plante, saturent une grande partie des acides organiques, influant ainsi directement sur la matière colorante, qui se modifie et prend dans ces circonstances une teinte bleutée spéciale, fort recherchée en teinture.

Dans les terrains argileux et siliceux, au contraire, les réactions sont tout autres : les engrais pailleux ne trouvant pas des proportions de calcaire suffisantes à leur décomposition rapide, ne peuvent fournir en abondance aux garances les principes qui sont nécessaires à leur développement et par conséquent arrêtent dans une certaine mesure l'essor de la végétation ; en outre, les matières organiques en décomposition dans le sol formant des composés acides dont la plante a à souffrir, donnent aux garances qui y sont cultivées des teintes jaunes à caractère acide en teinture, se rapprochant de celles fournies par les garancines.

Or, tandis que dans les terrains calcaires, les fumiers sont promptement désagrégés, que par leur portion caustique ils saturent les acides libres du sol et fournissent par eux-mêmes un aliment alcalin aux plantes, dans les terres argileuses, les fumiers de ferme ne peuvent être assez tôt décomposés; il en résulte que les engrais chimiques d'une nature essentiellement assimilable, auront une action immédiate sur ces derniers terrains et ne manifesteront leur présence sur les premiers que tout autant que les fumures organiques feront complétement défaut.

Pour faire ses expériences d'engrais chimiques en plein champ, votre Commission adopta la formule ainsi composée :

Superphosphate de chaux. 34 %
Nitrate de potasse. 17
Sulfate d'ammoniaque. 20
Sulfate de chaux. 29

Cette formule nous parut, en l'absence de toute donnée indicatrice à ce sujet, être le plus en rapport avec la nature des éléments constitutifs du fumier de ferme ; mais comme elle présentait le grave inconvénient d'être d'un prix d'achat relativement élevé, et que notre croyance était que nos terres pouvaient contenir des doses suffisantes d'azote sous l'influence des fumiers ordinairement usités, nous pensâmes qu'il convenait d'essayer en même temps une autre formule plus économique et moins riche en azote. Elle fut donc modifiée de la manière suivante :

Superphosphate de chaux 40
Chlorure de potassium. 20
Sulfate d'ammoniaque. 5
Sulfate de chaux. 35

Cette dernière combinaison, où le nitrate de potasse, substance chère, est remplacé par le chlorure de potassium meilleur marché, est d'un prix beaucoup moins élevé que la première ; elle pouvait présenter selon le résultat des expériences, une importance majeure au point de vue économique.

Dans l'année 1873, la commission a distribué gratuitement à de nombreux agriculteurs des départements de Vaucluse et Bouches-du-Rhône 10,500 kilos d'engrais chimiques composés d'après les formules ci-dessus, lesquels ont été répartis en 125 essais dans les différentes natures de terrain de notre contrée ; ils ont été employés conjointement avec les fumiers de ferme d'usage habituel pour la culture de la garance, et selon des instructions précises et détaillées édictées par la Commission. Chaque essai a été formé de deux parcelles de terre, chacune de 854 mètres carrés de surface ; l'une a reçu le fumier de ferme seul et l'autre le fumier de ferme et les engrais chimiques réunis.

Dans 68 de ces essais, les engrais artificiels ont été mis dans le sol mélangés avec la terre au moment de l'ensemencement des graines ; 38 ont été placés en couverture après la sortie des plantes et 19 également en couverture à l'automne au moment du chaussement d'hiver. Ces différents modes d'emploi avaient pour but de nous faire connaître les avantages ou les inconvénients que pouvaient offrir ces engrais, selon qu'ils étaient donnés à la plante en mélange avec la terre ou en couverture seulement.

Quels sont maintenant les résultats de ces 125 essais ? La question, Messieurs, est quelque peu embarrassante. Nous tâcherons d'y répondre, sinon à votre entière satisfaction, du moins aussi bien que des circonstances défavorables à nos essais, mais indépendantes de notre bonne volonté, nous permettent de le faire. Ces résultats sont de deux sortes : ceux obtenus à la fin de la première année, c'est-à-dire en 1873, au point de vue de la végétation herbacée et de la grosseur des racines ; ceux donnés par les arrachages des dites racines en 1874. Les premiers ont été satisfaisants et faisaient concevoir de légitimes espérances pour l'avenir ; les derniers, au contraire, ont été à peu près négatifs. Voici la situation de nos essais à la fin de 1873 :

Ont donné par l'emploi des engrais chimiques des résultats en faveur :

- de la végétation extérieure. . 62
- de la végétation extérieure et de la grosseur des racines. 21

N'ont pas présenté de différence entre l'emploi des engrais chimiques et le fumier de ferme.. 17

Ont été nuls. 25

Total. 125

Nous trouvons donc 83 essais dans lesquels soit la vigueur de la végétation herbacée, soit la grosseur des racines, accusent une supériorité marquée pour les parcelles

qui ont reçu les engrais chimiques sur celles qui n'ont reçu
que le fumier de ferme seul. En effet pendant toute cette
première année 1873, nous avons pu constater que partout
où les engrais artificiels ont été employés la germination
des graines a été plus active, la sortie des plantes plus
régulière, les fanes ont été plus vertes, plus vigoureuses, et lorsque à l'entrée de l'hiver nous avons voulu voir
par l'examen des racines de quelques-uns de ces essais, si
la végétation souterraine était en rapport avec la végétation extérieure, nous avons reconnu une augmentation
considérable dans la grosseur de ces racines, fait d'un
heureux présage pour l'avenir.

Pendant la 2me année, c'est-à-dire en 1874, les fanes
des garances de toutes les parcelles soumises aux essais
ayant pris un plus grand développement, toute différence
disparut entr'elles, et nous fûmes obligés de différer jusqu'à l'époque de l'extraction des racines toute observation
et toute appréciation nouvelles. L'arrachage, dernière
opération de cette branche de nos essais, devait nous
donner, par les rendements en poids des racines, le résultat final que nous attendions depuis 18 mois ; mais
une foule de circonstances adverses qui, pour certains
essais, nous ont privés complètement de renseignements,
qui, pour d'autres, ne nous ont permis de recueillir que
des données et des observations incertaines, sont venues
nous mettre dans l'impossibilité, soit d'arriver au résultat
cherché, soit même d'asseoir quelques appréciations sur
des bases suffisamment sérieuses. En effet, des 83 essais
sur lesquels il était permis de fonder quelque espoir en
1873, nous n'en trouvons plus en 1874, après l'extraction
des garances, que 24 dont il nous a été possible d'obtenir
les chiffres des rendements en poids, ainsi que vous
allez le voir par le tableau ci-après :

TABLEAU DES RENDEMENTS EN RACINES ET EN MATIÈRE COLORANTE

DES ESSAIS D'ENGRAIS CHIMIQUES EN PLEIN CHAMP, CONFIÉS PAR LA COMMISSION A DIVERS AGRICULTEURS.

NOMS DES AGRICULTEURS.	NATURE du sol.	QUANTITÉ de fumier de ferme employée par éminée.	Poids des Racines pour chacune des Eminées fumées au — Fumier de ferme seul.	Fumier de ferme avec kilog. engrais chimique nº 1.	Fumier de ferme avec kilog. engrais chimique nº 2.	Rendement des Racines en matière colorante — Teinture garance : fumier.	engrais chimique	Teinture garancine : fumier.	engrais chimique
			métres cubes.	kilog.	kilog.	kilog.			
ARNOUX ÉTIENNE, près Mornas.	silico calcaire.	4	236	250		85°	100°	54°	70°
BOURGET, à Avignon.	argilo-calcaire.	10	220	263	263	100	80	61	65
BERNARD, à Orgon.	argilo-calcaire.	6	212	257		100	85	74	66
BONNARD, au Thor.	calcaire.	10	361	375		100	95	64	68
JACQUES, au Thor.	silico calcaire.	10	292		292			68	65
JEAN THÉODORE, à St-Saturnin.	calcaire.	10	220		250			70	68
PERROT, à Avignon.	argilo-calcaire	8	200		235	100	100	70	74
OLIVIER, à Avignon.	argilo-calcaire.	6	200	230				68	72
RIEU, à Avignon	calco-siliceux.	7	335		385			65	70
SERRES, à L'Isle.	calco-argileux.	6	200	250				57	57
SEIGNOUR, à Noves.	sablo-calcaire.	6	265		306	100	100	77	74
TRAMIER, à Montfavet.	argilo-calcaire.	5	207	233	233	70	109	80	86
FERRIER, à Jonquerettes.	calcaire.	9	260	287		95	100	63	61
FIRMIN, à Avignon.	calco-argileux.	5	175	200	200	100	80	76	61
PELLEGRIN, à St-Andiol.		9	148	164	160				
RASCLARD, à Eyragues.	calcaire.	100 k. tourteaux.	142	185		100	100	90	86
BRÈS, à Bédarrides.	calco-argileux.	5 m. c.	135	150					
BERNARD, à Carpentras.	sablo-calcaire.	6	225	270				50	54
BONNET, à Carpentras.	grès.	4	90	97	97			56	58
CLÉMENT, à Monteux.		5	185	198				68	54
JAMET, à L'Isle.		6	152	178		100	85	78	65
DELAYE, à Cheval-Blanc.	silico-calcaire.	300 k. colza.	87	102				65	69
AILLAUD, à Orgon.	argilo-calcaire.	6 m. c.	165		185			70	76
SAUTEL, à Orange.						90	100	68	62

Ce tableau, vous le voyez, contient à la fois les rendements en poids des racines et les rendements en matière
colorante de ces mêmes racines essayées en teinture sur
garance et sur garancine. Pour ces essais en teinture,
comme pour tous les autres que nous avons dû faire dans
nos diverses expériences, nous avons pris pour point de
comparaison constant la force colorante totale des garancines ; cette dernière a été obtenue en prenant le rendement de chaque garance comme coéfficient et le multipliant par la force brute de la garancine au sortir du
bain de teinture. Ce produit doublé nous a donné le nombre indiquant le degré de force de nos garancines entre
elles. Nous avons eu ainsi une base sûre d'appréciation,
nous donnant la quantité réelle et totale de la couleur
contenue dans les racines, et nous permettant d'éviter
les erreurs qui résultent en teinture garance du plus ou
moins de combinaisons du principe tinctorial avec le calcaire de la plante. Ajoutons que nos poudres n'ont pas
été fermentées, qu'elles n'ont pas non plus été lavées
avant d'être garancinées ; la quantité et la petitesse des
échantillons soumis à nos nombreux essais nous empéchaient de le faire. Les rendements en matière colorante
de notre tableau sont peu concluants, 12 provenant des
parcelles ayant reçu les engrais chimiques sont supérieurs
à ceux des parcelles n'ayant reçu que le fumier de ferme,
10 sont inférieurs à ceux de ces dernières.

Les rendements en poids des racines ne sont pas plus
satisfaisants : nous ne trouvons qu'un excédant en moyenne de 25 à 30 kilos en faveur des engrais chimiques, résultat insuffisant, il faut le reconnaître, pour compenser la
dépense même la moins élevée qui est celle de la formule
n° 2, laquelle, disons-le en passant, a donné des résultats
à peu près identiques à ceux produits par la formule n° 1.
Mais ces résultats, tout négatifs qu'ils puissent être, ou à
peu près, ont cependant leurs causes, et s'il en est quelques
unes qu'il vaut mieux passer sous silence, nous pouvons
cependant en préciser quelques autres qui, bien qu'ayant agi

directement sur l'insuccès de ces premières expériences
nous indiquent toutefois ce qu'il y aurait à faire, si les difficultés que présentent les essais de cette nature n'étaient
un obstacle presque insurmontable à ce qu'ils soient tentés de nouveau. Ainsi les variations et par suite l'incertitude des rendements en colorant proviennent de la di-
versité de composition des terrains sur lesquels nous
avons opéré et de l'application d'une seule et même formule d'engrais à des sols arables dont la nature est très
diverse et va du calcaire pur à l'argile tenace. Enfin cette
incertitude doit encore être attribuée à l'impossibilité où
nous sommes de prendre des bases solides d'appréciation
dans des premiers essais que nous n'avons pu encore
répéter et qui ont besoin d'être refaits un grand nombre
de fois pour pouvoir donner des moyennes offrant, avec
quelques garanties d'exactitude, des résultats d'une importance réelle. Les mêmes causes d'insuccès que nous
venons d'indiquer pour les rendements en colorant s'ap-
pliquent également aux résultats des rendements en poids.
Pour ces derniers, nous devons aussi y ajouter celle
provenant de ce que, pour notre première tentative, les
substances entrant dans la composition de notre formule
d'engrais n'ont pas été plus heureusement combinées,
circonstance toutefois qui trouve son excuse dans la pré-
cipitation avec laquelle, ainsi que nous l'avons déjà dit,
nous avons dû commencer nos expériences. Quant à la
réduction du nombre de nos essais, qui au début était de
125 et qui est descendu ensuite à 24 au moment du résultat final, nous devons dire qu'elle a été motivée d'abord
par l'insuffisance des soins apportés aux essais par plusieurs agriculteurs chargés de leur conduite, lesquels
n'appréciant pas assez l'importance et la portée des expériences que nous tentions n'ont pas suivi les instructions
de la Commission, et ensuite par le refus fait par beaucoup
d'entr'eux d'arracher les garances par suite de l'avilisse-
ment actuel des prix.

Ajoutons pour terminer ce qui a trait à ces expériences

d'engrais chimiques en plein champ que, si elles ne nous ont pas donné les résultats que nous désirions, du moins, les essais que nous avons eu la précaution d'entreprendre en même temps à titre de contrôle dans des vases et dans nos champs d'expériences, sont venus comme nous le verrons dans le chapitre suivant, nous fournir d'utiles renseignements et atténuer ainsi la portée de ce premier insuccès dû uniquement à des causes indépendantes de notre volonté.

CHAPITRE II.

Essais de combinaisons diverses de sels chimiques sur garances en vases et en plein champ.

(CHAMP D'EXPÉRIENCES DE COURTINE)

Dans le dernier rapport que nous eûmes l'honneur de vous présenter au mois d'avril de cette année, nous vous donnâmes un résumé des principaux faits que nous avions pu constater dans la première période de croissance des jeunes garances soumises à nos essais en vases et dans notre champ d'expériences provisoire de Courtine. Seulement, comme à cette époque les observations dont nous disposions étaient incomplètes, comme les engrais sur lesquels nous expérimentions n'avaient pas encore épuisé leur effet sur la végétation, et que par conséquent ni le poids, ni le titre en matière colorante de nos racines ne pouvaient être suffisamment stables, nous fûmes dans l'obligation de réserver toutes nos conclusions pour l'avenir.

Aujourd'hui les faits que nous avons à vous faire connaître sont plus importants et acquièrent un premier degré d'utilité et d'exactitude par suite de la variété des données dont nous disposons.

Ces données, que nous avons tâché autant que possible de mettre en évidence, reposent sur ces deux faits principaux : Variation du principe colorant de la garance dans les racines et écart en poids de ces mêmes racines sous l'influence des engrais ou des graines dont elles sont issues.

Parmi les observations que nous avons été à même de noter il en est quelques-unes qui offrent un certain intérêt et que nous allons passer en revue.

Les premières auront trait à la comparaison des résultats donnés en teinture par nos deux cultures parallèles. Les secondes à leurs rendements en poids.

Si vous voulez bien, Messieurs, vous reporter au tableau ci-après, vous remarquerez une concordance assez exacte entre les chiffres représentant les forces en teinture des racines du champ d'expériences de Courtine et des vases qui leur correspondent. Cette concordance est précieuse pour nous, en ce sens qu'elle attachera aux résultats de nos expériences, une consécration de justesse, et donnera une garantie en plus aux indications qui nous fourniront ces résultats.

Tableau des Essais en teinture garance et garancine

des racines provenant des vases et du champ d'expériences de Courtine.

Parcelles de Courtine et vases qui y correspondent.	FORCE EN TEINTURE GARANCE.		FORCE EN TEINTURE GARANCINE.	
	Courtine.	Vases.	Courtine.	Vases.
PARCELLE N° 2. — VASE 7. Kilog₅ Fumier de ferme. 250 Superphosphate. 2 Chlorure de potassium. 1,5 Sulfate de chaux. 2	82	92	73	66

Parcelles de Courtine et vases qui y correspondent.	FORCE EN TEINTURE GARANCE.		FORCE EN TEINTURE GARANCINE.	
	Courtine.	Vases.	Courtine.	Vases.
PARCELLE 3. — VASE 9.				
	Kilog*			
Superphosphate. 4	82	75	75	66
Azotate de potasse. 4				
Sulfate d'ammoniaque. 2,5				
Sulfate de chaux. 4				
PARCELLE 4. — VASE 10.				
Superphosphate. 4	78	72	78	68
Azotate de soude. 4				
Sulfate d'ammoniaque. 2,5				
Sulfate de chaux. 4				
PARCELLE 5. — VASE 11.				
Superphosphate. 4	82	70	74	65
Azotate de potasse. 2				
Azotate de soude. 2				
Sulfate d'ammoniaque. 2,5				
Sulfate de chaux. 4				
PARCELLE 6. — VASE 12.				
Superphosphate. 4	82	100	80	70
Chlorure de potassium. 2				
Sulfate d'ammoniaque. 4				
Sulfate de chaux. 4				

Parcelles de Courtine et vases qui y correspondent.		FORCE EN TEINTURE GARANCE.		FORCE EN TEINTURE GARANCINE.	
		Courtine.	Vases.	Courtine.	Vases.
	Kilog				
PARCELLE 7. — VASE 13.					
Superphosphate.	4	92	94	77	67
Chlorure de sodium.	2				
Sulfate d'ammoniaque.	4				
Sulfate de chaux.	4				
PARCELLE 8. — VASE 14.					
Superphosphate.	4	86	95	76	72
Chlorure de potassium.	1				
Chlorure de sodium.	1				
Sulfate d'ammoniaque.	4				
Sulfate de chaux.	4				
PARCELLE 9. — VASE 15.					
Superphosphate.	4	100	95	82	76
Azotate de potasse.	3				
Sulfate de chaux.	3				
PARCELLE 10. — VASE 16.					
Superphosphate.	6	92	80	78	77
Azotate de potasse.	5				
Sulfate de chaux.	4				
PARCELLE 11. — VASE 17.					
Superphosphate.	4	92	75	75	68
Chlorure de potassium.	2				
Sulfate de chaux.	4				

Parcelles de Courtine et vases qui y correspondent.	FORCE EN TEINTURE GARANCE.		FORCE EN TEINTURE GARANCINE	
	Courtine.	Vases.	Courtine.	Vases.
PARCELLE 12. — VASE 18. Kilog.				
Azotate de potasse. 4				
Sulfate d'ammoniaque. 2,5	92	75	75	66
Sulfate de chaux. 4				
PARCELLE 13. — VASE 24.				
Superphosphate. 4				
Azotate de potasse. 4	86	78	77	76
Sulfate d'ammoniaque. 2,5				
PARCELLE 14. — VASE 28.				
Superphosphate. 5				
Azotate de potasse. 4	86	82	83	81
Sulfate d'ammoniaque. 2,5				
Sulfate de chaux. 4				
PARCELLE 15. — VASE 19.				
Superphosphate. 6				
Azotate de potasse. 4	86	67	77	75
Sulfate d'ammoniaque. 2,5				
Sulfate de chaux. 4				
PARCELLE 16. — VASE 29.				
Superphosphate. 5				
Chlorure de potassium. 3	93	94	82	85
Sulfate d'ammoniaque. 2				
Sulfate de chaux. 4				

Parcelles de Courtine et vases qui y correspondent.	FORCE EN TEINTURE GARANCE.		FORCE EN TEINTURE GARANCINE.	
	Courtine.	Vases.	Courtine.	Vases.
PARCELLE 17. — VASE 29. Kilog. Superphosphate. 5 Chlorure de potassium. 3 Sulfate d'ammoniaque. 3 Sulfate de chaux. 4	92	94	85	85
PARCELLE 18 (PALUDS.) Superphosphate. 4 Chlorure de potassium. 1 Azotate de soude. 4 Sulfate de chaux. 4	92		80	
PARCELLE 18 (SMYRNE.) Superphosphate. 4 Chlorure de potassium. 1 Azotate de soude. 4 Sulfate de chaux. 4	93		77	
PARCELLE 19. Fumier de ferme. 500 Poudrette. 50	92		80	
PARCELLE 20. — VASE 3. Fumier de ferme. 500 Poudrette en seconde année.	97	98	79	85
PARCELLE 21. Fumier de ferme. 500 Poudrette. 50	89		77	

Dans les formules qui composent les engrais de ces différents essais, nous avons cherché à combiner entre eux les sels chimiques fertilisants qui entretiennent la vie des plantes, de manière à obtenir des effets pouvant varier suivant les combinaisons des corps que nous mettions en présence ; de telle sorte qu'il nous fût permis d'attribuer à ces mélanges les différences que l'aspect extérieur ou intime de nos plantes en expérimentation ne manqueraient pas de nous signaler. Mais pour juger avec certitude de la valeur de ces résultats, nous avons dû instituer comme point de comparaison, une culture dans le fumier de ferme seul. Cette culture est représentée dans nos essais par la parcelle 20 et le vase 3 ; c'est à elle que nous rapporterons les différentes observations qui ressortent de l'analyse de ce tableau.

Nous voyons que dans le vase 3 qui a reçu du fumier de ferme comme la parcelle 20, le titre total en colorant est plus élevé ; nous remarquons aussi que généralement dans les vases l'engrais naturel est un peu plus fort que dans les parcelles en plein champ. Si dans le champ de Courtine le fumier de ferme vaut 6 degrés de moins en colorant que la parcelle 17, dans les vases au contraire il est égal à cette même parcelle qui sert de type de comparaison pour la force en teinture. Cette légère différence doit être attribuée selon nous aux arrosages un peu trop copieux qui parfois ont été donnés aux vases et dont l'effet a été de lessiver une certaine quantité d'engrais chimique, tandis que le fumier de ferme ne l'était que dans une moindre proportion. Sans cette circonstance les deux résultats concorderaient parfaitement et nous trouverions à la colonne des garancines des vases les mêmes différences que nous observons sur celles du champ. Quoiqu'il en soit, nous constatons qu'au point de vue tinctorial, 7 engrais chimiques dans notre champ d'expériences de Courtine sont supérieurs au fumier de bestiaux, et que 11 lui sont inférieurs. Mais de même que la supériorité de ces formules n'est pas très grande sur l'engrais naturel, de même leur infériorité est de peu de valeur, et laisse libre le choix de se porter sur l'engrais qui au plus fort rendement en poids joindra le plus bas prix d'achat.

Parmi les sels chimiques qui ont une puissante action sur la végétation se place en première ligne le nitrate de potasse ; malheureusement son prix trop élevé en interdit presque l'usage dans la grande culture. Nous avons cherché à le remplacer soit par le sulfate d'ammoniaque, soit par le nitrate de soude. C'est ce dernier sel qui a été introduit dans la formule de la parcelle 4 et du vase 10. Cette substitution n'a heureusement porté aucun préjudice à la matière colorante qui aurait même été un peu augmentée, puisque de 75° avec le nitrate de potasse elle s'élève à 78° avec le nitrate de soude. La parcelle 18 pouvant nous servir de contrôle est assez intéressante à observer ; dans cette formule nous avons adjoint au nitrate de soude le chlorure de potassium qui manque dans l'essai précédent et avons supprimé le sulfate d'ammoniaque, ce qui a réduit la quantité d'azote. Deux variétés de graines ont été ensemencées dans cette parcelle, l'une et l'autre ont très bien végété et dans les premiers essais de teinture que nous fîmes avec elles, nous les trouvâmes à 8 mois d'âge les plus fortes en colorant. Actuellement leur force respective est pour les paluds 80°, pour les graines Smyrne 77°, confirmant pleinement le résultat obtenu précédemment. De ces deux expériences nous pouvons conclure que le nitrate de soude additionné d'un sel de potasse à bon marché, peut très bien remplacer le nitrate de potasse qui coûte le double.

Après l'azote vient la potasse, non pas comme importance, mais comme cherté ; la garance l'absorbe selon les terrains où elle croît en plus ou moins grande quantité ; les analyses de ses cendres nous la montrent tantôt dominant tantôt remplacée par la soude, et comme dans ce cas la proportion de ce dernier alcali est souvent considérable, il était permis de se demander si des doses plus res-

treintes ne pourraient pas être ajoutées aux engrais dans
le but d'en abaisser le prix, alors que la garance peut en
absorber des quantités qui porteraient un trouble
profond dans la constitution d'un grand nombre d'autres plantes.

Les parcelles 6, 7, 8, représentent cette substitution
totale ou partielle. En teinture garance la différence entre
ces 3 essais est peu élevée. Dans les essais du champ
d'expérience la soude l'emporterait, dans ceux des vases
ce serait la potasse ; mais d'un côté comme de l'autre les
écarts sont insignifiants. Si nous consultons la colonne
des garancines, l'avantage passe réellement à la potasse.
Il est vrai qu'ainsi que pour la teinture en garance, la
différence entre ces forces tinctoriales en garancine est
peu considérable, mais comme nous le verrons un peu
plus loin, le problème à résoudre n'est pas d'augmenter
le titre seul de la racine, il faut aussi tenir compte du rendement en poids. Malheureusement nous remarquons qu'avec
la soude seule, la plante reste chétive, que sa végétation
est peu active, et que dans ces conditions la récolte souterraine est bien compromise. Dans la parcelle 8, les
deux alcalis sont mélangés, malgré cette adjonction de la
potasse le titre colorant reste stationnaire dans le champ
d'expériences, et, bien que le rendement se soit relevé, il
n'est pas aussi satisfaisant que celui donné par le nitrate
de soude. Comme dans ces expériences, des causes se-
condaires, dont nous vous entretiendrons plus loin, sont
venues entraver nos observations et en fausser les résultats, nous avons dû les recommencer dans notre nouveau
jardin d'essai.

Pour savoir jusqu'à quel point le principe colorant de la
garance est dépendant ou indépendant du degré de force
de la végétation extérieure de la plante, nous avons supprimé dans les deux formules tantôt l'azote, tantôt l'acide
phosphorique. Dans la parcelle 11 c'est l'ammoniaque qui
manque et dans la parcelle 12 le superphosphate. L'action de ces deux corps est si énergique sur la végétation

que nous avons pensé que la suppression de l'un d'eux
devait immédiatement se faire sentir sur le colorant. En
plein champ ces deux essais n'ont pas donné le résultat
que nous en attendions : la terre pourvue de ces deux sels
fertilisants a fourni aux plantes celui qui lui manquait,
pas en grande quantité sans doute, mais dans une proportion suffisante à leur végétation. Dans les vases le
même fait ne pouvait se produire : aussi la richesse en
couleur descend-elle considérablement, plus encore pour
le vase qui est privé d'acide phosphorique que pour celui
qui manque d'azote. La végétation à son tour est très
précaire et elle l'est encore davantage dans le vase qui
n'a pas eu d'ammoniaque. D'après cela le manque d'acide
phosphorique pèserait surtout sur la couleur, et le défaut
d'azote influerait sur la végétation extérieure, puis comme
conséquence sur les rendements en poids.

Il nous reste à parcourir encore un certain nombre de
formules qui peuvent vous intéresser. Dans ce nombre
se trouvent les engrais intensifs. Les quantités de sels
vont en croissant d'une parcelle à une autre dans une
proportion modérée et pratiquement possible. Bien que
ces doses soient loin d'être considérables, et en assez
grande quantité pour nuire physiquement aux jeunes
plantes, il est curieux de constater qu'elles ont eu sur
le développement de la matière colorante un effet inverse
à celui sur lequel on était en droit de compter ; que ce soit
sur les vases ou en pleine terre, le résultat est toujours
le même. Ainsi, des parcelles 9 et 10, la meilleure est la
première ; des vases 28 et 19 le plus riche en couleur est
celui qui contient le moins d'engrais. Il n'y a que sur la
végétation herbacée, et partant sur le rendement en
poids des racines, que l'action logique de ces fortes fumures a eu lieu.

Comme complément de ces essais avec engrais chimique seuls, nous avons voulu étudier l'action de ces mêmes
engrais en combinaison avec le fumier de ferme. Malheureusement nous ne savons à quoi attribuer l'insuccès

qui a accompagné ces expériences. De tous les mélanges que nous avons essayés, aucun ne nous a donné des résultats supérieurs au fumier naturel, employé seul. Ce fait est remarquable en ce sens qu'il confirme pleinement les observations qu'il nous a été donné de faire sur les mélanges en grande culture des engrais chimiques et des fumiers de ferme.

Dans l'étude comparée à laquelle nous venons de nous livrer, nous n'avons eu en vue que les variations du principe tinctorial ; il convient maintenant de rapporter la force en couleur au rendement en poids de racines. Nous aurons ainsi passé en revue les deux données les plus importantes de ces essais.

Dans le tableau qui suit nous avons placé en regard le poids des racines sèches à l'hectare, leur force colorante et le prix de l'engrais au moyen duquel elles ont été obtenues.

Nᵒˢ des parcelles.	Rendement à l'hectare en racines.	FORCE EN COLORANT des racines au moment de l'extraction.	Prix de l'engrais employé.
	Kilog.		Fr.
2	1200	73°	288
3	1450	75°	508
4	1450	78°	348
5	1700	74°	428
6	1550	80°	323
7	1100	77°	275
8	1450	76°	298
9	1450	82°	303
10	1900	78°	493
11	1650	75°	123
12	1700	75°	425
13	2150	77°	505
14	1800	83°	523
15	2050	77°	538
16	1900	82°	268
17	1750	85°	325
18 Palud.	2000	80°	253
18 Smyrne.	3600	77°	253
19	1700	80°	420
20	1700	79°	420
21	1800	77°	420

Vous remarquerez, Messieurs, que les 9 premiers carrés ont des rendements très inférieurs à tous ceux qui les suivent. Ce fait ne doit être imputé ni aux engrais, ni aux graines, mais seulement à la sécheresse excessive qui régnait au moment de notre semis (mai 1873). Outre l'époque tardive à laquelle nous l'effectuâmes nous ne pûmes avoir à notre disposition immédiate qu'un terrain de nature sablonneuse, drainé au midi par le lit de la Durance et incliné sur le nord jusqu'à moitié de sa longueur. Nous avions même ensemencé à côté de notre parcelle n° 2, actuellement la première de nos essais, 3 autres parcelles portant les indications ; 00, 0 et 1, dont les graines ne purent germer et qui furent totalement perdues pour nous. Les carrés qui les suivirent, moins atteints par la sécheresse que les carrés précédents, ne souffrirent pas aussi cruellement, mais les plantes très clair-semées à la sortie de terre n'ont jamais pu atteindre la vigueur de celles qui, situées dans la partie la plus déclive du champ, ont profité d'un sol plus frais, plus humide. Sans ce concours de circonstances fâcheuses, il est probable que nous n'aurions pas eu à enregistrer des différences si grandes en poids et que nous n'aurions pas été obligés de recommencer l'essai de ces formules qui sont très importantes eu égard au bas prix des matières premières entrant dans leur composition. Le rendement qui frappe le plus les yeux en parcourant le tableau ci-contre, est celui de la parcelle 18, ensemencée avec des graines Smyrne du commerce non sélectionnées. Le poids à l'hectare est de 3600 kilog. de racines sèches, un des plus forts rendements de nos terres rosées d'aujourd'hui. L'engrais qui a permis d'obtenir ce résultat vaut fr. 253 à l'hectare ; c'est un des meilleurs marchés de nos formules, parce que nous y avons remplacé l'azotate de potasse par le nitrate de soude. Sans cette substitution, son prix se serait élevé à fr. 413. Les graines palud qui ont partagé les mêmes soins et le même engrais n'ont au contraire produit que le chiffre de 2000 kilog. à l'hectare. La force colorante est, il est vrai, un peu augmentée, mais malgré cette légère élévation, qui, si nous en tenions compte, réduirait les rendements utilisables en teinture à :

2770 kilos pour les Smyrnes,
1600 » » paluds,

nous trouvons toujours une différence de 1100 kilos en leur faveur, qui commercialement s'élève à 1600 kilos ; nos graines rosées du pays n'ont fourni qu'un rendement de 1700 kilos à l'hectare avec le fumier de ferme, soit moitié moins que les Smyrnes.

Dans nos parcelles 19, 20, 21, nous avons fait répandre d'égales quantités de fumier de ferme ; seulement la seconde année, c'est-à-dire en 1874, le n° 20 a reçu en plus et en couverture quelques kilos de poudrette. Les poids à l'hectare sont sensiblement les mêmes si l'on tient compte de la plus value du colorant. On peut donc les considérer comme l'expression exacte du pouvoir fertilisant du fumier de ferme dans ces expériences comparatives. La fumure a été de 70 mètres cubes à l'hectare, ce qui, à 6 francs, porte son prix de revient à la somme de francs 420.

Décomposons maintenant les résultats donnés par les autres parcelles et rapportons-les à celles-ci : nous avons d'abord les parcelles 3, 4, 5, qui correspondent par un certain côté avec les nos 13, 14 et 15. Comparées entre elles, les premières diffèrent des secondes par un plus petit rendement et cependant les nos 3, 13, 14 et 15 ont à peu près la même formule ; si aucune cause extérieure ne fut venue contrarier la végétation de ces premières parcelles il est évident que le résultat aurait été le même. Or, nous voyons que la formule 13, placée dans une situation un peu plus favorable, a donné 2090 kilos à l'hectare : il est donc naturel d'attribuer à la formule 3 le même rendement.

La fumure de la parcelle 3 coûte fr. 500, parce que le nitrate de potasse est son principal constituant. Dans la suivante, c'est le nitrate de soude qui devient dominant et son prix s'abaisse à fr. 350. Comme les rendements en poids et en colorant sont égaux, nous voyons que cette substitution n'est aucunement préjudiciable et qu'en s'appuyant sur les résultats donnés par les parcelles 18, 13, 3, 4, 5, on peut admettre que le nitrate de soude est apte à remplacer le nitrate de potasse et à faire obtenir des rendements en poids supérieurs à ceux donnés par le fumier de ferme.

Nous avons déjà vu que le chlorure de sodium n'avait pas une action très nuisible sur le colorant et que si les poids en racines ne baissaient pas dans une trop grande proportion, son bas prix pourrait le faire entrer dans la composition de nos formules. Malheureusement dans la parcelle 6, où il est exclusivement employé, le résultat qu'il donne en poids est très mauvais. Dans la parcelle 7, où il entre concurremment avec le chlorure de potassium, le rendement se relève et peut faire espérer qu'il pourra, non pas remplacer, mais entrer avec la potasse dans quelques-unes de nos formules.

Dans les parcelles 13, 14, 15, nous avons ajouté des doses progressives d'acide phosphorique ; cette augmentation n'a profité en réalité qu'à la végétation extérieure ; le poids des racines n'a pas varié, si l'on tient compte du titre en colorant. Ces 3 formules, bien que constituant une fumure d'un prix plus élevé (fr. 500), que celle donnée par le fumier de ferme (fr. 420), lui sont cependant bien supérieures, puisque leur rendement est de 2000 kilos de racines contre 1700.

En résumé, ce tableau nous montre que les graines *rosées et paluds* sont inférieures en rendements utiles aux graines de *Smyrne*. Il nous enseigne que bon nombre de formules, par leur bon marché, leur action manifeste sur la partie souterraine de la garance, tout en maintenant leur titre en colorant, sont largement supérieures aux résultats donnés par le fumier de ferme et que comme telles elles doivent être recommandées, jusqu'à ce que des essais ultérieurs aient démontré qu'elles doivent être

remplacées par de nouveaux mélanges d'une action plus
certaine ou plus constante.

CHAPITRE III.

*Essais sur la valeur de la matière colorante des racines de
Garances extraites de mois en mois.*

L'absence de renseignements et surtout de travaux
concernant l'époque précise à laquelle devait être arra-
chée la garance avec plus d'avantages a décidé plusieurs
industriels et agriculteurs à demander à votre Commission de vouloir bien entreprendre une série d'expériences
ayant pour but: 1° de fixer le mois de l'année dans lequel la matière colorante de la racine ayant atteint son
maximum de concentration doit être choisi pour opérer
son enlèvement du sol ; 2° d'étudier l'influence que
pourrait avoir la fructification de la garance sur le développement de ses principes colorants.

Les questions qui nous étaient soumises et qu'il s'a-
gissait de résoudre, présentaient un grand intérêt ; aussi
avons-nous mis tous nos soins à les étudier. Ainsi que
vous le verrez par le tableau ci-joint, les différences en
colorant que présentent entr'elles nos racines, extraites
de mois en mois, sont très peu sensibles dans les essais
de poudre, elles le deviennent un peu plus avec les
garancines.

TABLEAU

montrant la progression de la matière colorante
dans les racines extraites de mois en mois.

Nos d'Ordre.	Extraction de 1873.	Force en teinture garance.	Rendement en garancine.	Force brute.	Force réelle et totale.

Garance rosée de 18 mois 1872.

Nos d'Ordre.	Extraction de 1873.	Force en teinture garance.	Rendement en garancine.	Force brute.	Force réelle et totale.
1	Juin.	90	33	90	63
2	Juillet.	85	33	80	53
3	Août.	95	45	90	81
4	Septembre.	90	45	85	77
5	Octobre.	100	42	93	78

Garance paluds de 6 mois, plantuns 1873.

Nos d'Ordre.	Extraction de 1873.	Force en teinture garance.	Rendement en garancine.	Force brute.	Force réelle et totale.
1	Juin.	80	49	85	82
2	Juillet.	95	37	90	66
3	Août.	100	40	90	72
4	Septembre.	90	40	90	72
5	Octobre.	100	34	100	68

Garance paluds sur graines 18 mois 1872.

Nos d'Ordre.	Extraction de 1873.	Force en teinture garance.	Rendement en garancine.	Force brute.	Force réelle et totale.
1	Juin.	100	39	100	78
2	Juillet.	100	37	95	70
3	Août.	95	33	95	62
4	Septembre.	95	41	100	82

Garance paluds plantuns 18 mois 1872.

Nos d'Ordre.	Extraction de 1873.	Force en teinture garance.	Rendement en garancine.	Force brute.	Force réelle et totale.
1	Juin.	95	37	90	66
2	Juillet.	95	33	90	59
3	Août.	100	36	90	65
4	Septembre.	95	38	100	76

Garance paluds graines 30 mois 1871.

Nos d'Ordre.	Extraction de 1873.	Force en teinture garance.	Rendement en garancine.	Force brute.	Force réelle et totale.
1	Juin.	100	32	100	64
2	Juillet.	100	33	100	66
3	Août.	100	32	100	64
4	Septembre.	100	35	100	70

Garance paluds plantuns 30 mois 1871.

Nos d'Ordre.	Extraction de 1873.	Force en teinture garance.	Rendement en garancine.	Force brute.	Force réelle et totale.
1	Juin.	100	35	100	70
2	Juillet.	100	32	100	64
3	Août.	100	34	95	64
4	Septembre.	100	37	95	70

En effet, nous voyons qu'en teinture garance, les racines rosées de 18 mois ont seules affirmé une réelle augmentation de colorant pour le mois d'octobre, tandis que pour tous les autres essais sur racines paluds, qu'ils proviennent de garances de 6 mois ou de 30 mois, la progression en couleur est très incertaine. Si au contraire elle change pour les garancines jusqu'à devenir assez sensible pour le dernier mois de nos essais, cela tient à ce que la matière colorante, dégagée de ses combinaisons calcaires, qui doivent être plus complètes dans nos premiers mois d'arrachage, a pu agir beaucoup plus librement dans la teinture en garancine et présenter les quelques différences que l'on remarque entre ces époques.

Ainsi donc, si nous considérons ces arrachages, d'abord au point de vue du colorant fourni par les poudres, nous voyons qu'il paraît y avoir peu d'avantages à opérer l'extraction des racines dans les mois de septembre et octobre plutôt qu'en juillet et août ; mais si nous voulons les considérer sous leur véritable jour, c'est-à-dire sous le rapport des racines à l'hectare et sur la force totale fournie en teinture garancine, nous devons conclure que l'avantage passe décidément aux derniers mois. Il serait donc plus profitable de faire l'extraction des racines dans les mois de septembre et octobre ; toutefois, pour déduire des données ci-dessus des conclusions plus certaines, il faut que ces expériences soient répétées sans cesse, car un seul essai ne peut suffire pour élucider un point si délicat. Par le fait de ces résultats que nous venons d'indiquer, la seconde question qu'on nous avait posée se trouve résolue. Non, la matière colorante n'est aucunement diminuée par l'acte si important de la floraison et de la formation des graines.

À l'encontre de ce qui se passe dans les betteraves, où les matières sucrées sont converties en amidon, lequel va s'accumulant dans les graines, l'alizarine, que sa constitution chimique place au nombre des éléments hydrocarburés, ne peut avoir qu'une liaison tout à fait indirecte avec la glucose et le sucre de canne, éléments hydrocarbonés. Ces deux corps en effet paraissent être les seuls producteurs de l'amidon contenu dans les graines, puisqu'ils ne diminuent qu'au fur et à mesure que la floraison et la fructification avancent.

Il n'y avait rien d'étonnant, d'ailleurs, à ce que le sucre de canne fût observé suivant presque toujours en intensité le développement de la matière colorante, lors de sa formation dans les jeunes racines. Ainsi que nous l'avons vu plus haut, dans le chapitre II, plus la séve est abondante, plus les principes colorants de la garance se développent, et avec eux les éléments hydrocarbonés qui doivent fournir plus tard la presque totalité des matières nutritives indispensables à la jeune plante reproductrice. Mais là s'arrête l'analogie qui existe entre ces deux corps, puisque l'un reste intact après la fécondation, tandis que l'autre disparaît d'autant plus que la fructification est plus abondante.

CHAPITRE IV.

Expériences du Jardin d'Essai.

(LA PEILHONNE.)

Lorsque nous avons commencé en 1873 nos expériences sur les modifications que pouvait subir la matière colorante de la garance sous l'influence de tels ou tels sels chimiques, ces expériences furent, vous le savez, faites dans des vases; mais nous pensâmes que pour que leurs résultats pussent être considérés comme acquis, il était nécessaire qu'elles fussent contrôlées par d'autres faites en plein champ et soumises aux conditions ordinaires de végétation et de climat de la culture de garance dans nos pays. N'ayant pas eu à cette époque la possibilité de créer un champ d'expériences proprement dit, ne sachant

pas du reste si nos expériences générales sur la culture
de la garance seraient longtemps continuées et quelles
proportions elles pourraient prendre plus tard, nous dûmes
nous contenter, pour commencer nos essais, d'une parcelle de terre qui nous fut gracieusement offerte par M.
Férigoule, régisseur au château de Courtine. Mais le
cadre de notre programme d'études s'étant agrandi, la
nécessité s'étant fait sentir surtout d'expérimenter les
différentes variétés de garance des divers points du globe, nos ressources enfin étant devenues plus importantes,
nous nous sommes vus dans l'obligation de créer un nouveau champ d'expériences pouvant avoir de plus vastes
proportions et plus facile à surveiller par nous à raison
d'une proximité plus grande de la ville que celui que nous
avions à Courtine.

Nous avons donc choisi un terrain placé à une très
petite distance d'Avignon, dépendant de la campagne
de la Peilhonne, et situé au bord du Rhône quartier de
Champ-Fleuri. Le sol formé d'alluvion du fleuve offre des
conditions ordinaires et convenables pour la culture de la
garance. Sa composition d'après l'analyse physique qui en
a été faite à notre laboratoire est de :

Sable,	26,50 %
Argile,	22,50
Calcaire,	40,25
Perte au feu,	10,75

La décision de votre commission à l'égard de cette création a été prise un peu tardivement, néanmoins le champ
a pu être convenablement défoncé et recevoir toutes les
préparations nécessaires dans la dernière quinzaine d'a-
vril et les premiers jours de mai 1874.

Les 16 et 17 mai, les ensemencements ont été faits et
grâce à des soins constants toutes nos jeunes garances sont
sorties de terre à la fin du même mois ; leur végétation
aidée pendant tout le cours de l'été par de fréquents arrosages a bientôt atteint la vigueur de celles des garances de
l'année semées à l'époque ordinaire.

Deux catégories d'expériences sont actuellement en cours d'exécution dans notre jardin d'essai :

1° Celles ayant pour but de contrôler les expériences déjà faites en vases et en plein champ à Courtine en vue de connaître les modifications que peut subir la matière colorante sous l'influence de tels ou tels sels chimiques.

2° Celles ayant pour but d'essayer les nombreuses variétés de garances connues dans les diverses parties du monde, afin de voir si parmi elles il ne s'en trouverait pas une ou plusieurs plus riches en matière colorante que la seule variété connue dans notre pays ;

3° Enfin celles ayant pour but de régénérer nos semences affaiblies par les diverses causes que nous avons déjà énumérées en allant demander des graines de choix aux pays d'origine et en soumettant ensuite a une sélection sévère les produits de ces graines plus vigoureuses que les nôtres.

Dans notre champ de Courtine, les essais de combinaisons de sels chimiques étaient au nombre de 20 ; dans notre nouveau champ d'expériences pouvant disposer de plus d'espace et voulant faire des expériences plus complètes, nous avons porté à 36 le total de ces combinaisons. Ces 36 formules différentes occupent dans notre jardin un nombre égal de petites parcelles ou carrés ayant chacun 25 mètres de surface. Ces parcelles ont toutes été défoncées uniformément à bras en avril et à une profondeur de 50 centimètres; elles ont été ensemencées avec des graines de garances rosées du pays à raison de 240 kilos à l'hectare, soit 20 kilos par éminée de 854 mètres ou 24 grammes par mètre carré.

TABLEAU

des combinaisons de sels chimiques essayées en 1874

au nouveau champ d'expériences de la Commission, (à la Peilhonne près Avignon.)

N° 1.	N° 2.	N° 3.	N° 4.
Terre sans engrais.	Fumier de ferme. Kilog. 125	**Kilog.** Demi-fumier de ferme. 60 Superphosphate. 0,500 Azotate de potasse. 0,500 Sulfate d'ammoniaque. 0,250 Plâtre. 0,500	**Kilog.** Demi-fumier de ferme 60 Superphosphate. 0,500 Chlorure de potassium. 0,250 Sulfate d'ammoniaque. 0,500 Plâtre. 0,250

N° 5.	N° 6.	N° 7.	N° 8.
en 1874/1875 — **Kilog.** Fumier de ferme. 125 Superphosphate. 1 | 1	en 1874/1875 — **Kilog.** Fumier de ferme. 125 Nitrate de potasse. 0,500 0,500	en 1874/1875 — **Kilog.** Fumier de ferme. 125 Sulfate d'ammoniaque. 0,750 0,750	en 1874/1875 — **Kilog.** Fumier de ferme. 125 Chlorure de potassium. 0,500 0,500

N° 9.	N° 10.	N° 11.	N° 12.
Kilog. Superphosphate. 1 Azotate de potasse. 1 Sulfate d'ammoniaque. 0,600 Plâtre. 1	**Kilog.** Superphosphate. 1 Azotate de soude. 1 Sulfate d'ammoniaque. 0,600 Plâtre. 1	**Kilog.** Superphosphate. 1 Azotate de potasse. 0,500 Azotate de soude. 0,500 Sulfate d'ammoniaque. 0,600 Plâtre. 1	**Kilog.** Superphosphate. 1 Chlorure de potassium. 0,500 Sulfate d'ammoniaque. 1 Sulfate de chaux. 1

N° 13.

	Kilog.
Superphosphate.	1
Chlorure de sodium.	0,500
Sulfate d'ammoniaque.	1
Sulfate de chaux.	1

N° 14.

	Kilog.
Superphosphate.	1
Chlorure de potassium.	0,250
Chlorure de sodium.	0,250
Sulfate d'ammoniaque.	1
Sulfate de chaux.	1

N° 15.

	Kilog.
Superphosphate.	1
Azotate de potasse.	0,750
Sulfate de chaux.	0,750

N° 16.

	Kilog.
Superphosphate.	1,500
Azotate de potasse.	1,250
Sulfate de chaux.	1

N° 17.

	Kilog.
Superphosphate.	1
Chlorure de potassium.	0,500
Sulfate de chaux.	1

N° 18.

	Kilog.
Azotate de potasse.	1
Sulfate d'ammoniaque.	0,600
Sulfate de chaux.	1

N° 19.

	Kilog.
Superphosphate.	1
Azotate de potasse.	1
Sulfate d'ammoniaque.	0,600

N° 20.

	Kilog.
Superphosphate.	1
Azotate de potasse.	0,500
Azotate de soude.	0,750
Sulfate de chaux.	0,750

N° 21.

	Kilog.
Superphosphate.	1
Sulfate d'ammoniaque.	0,750
Sulfate de chaux.	1

N° 22.

	Kilog.
Superphosphate.	0,500
Chlorure de potassium.	0,250
Sulfate d'ammoniaque.	0,500
Sulfate de chaux.	0,500

N° 23.

	Kilog.
Superphosphate.	0,750
Chlorure de potassium.	0,400
Sulfate d'ammoniaque.	0,750
Sulfate de chaux.	0,750

N° 24.

	Kilog.
Superphosphate.	1
Chlorure de potassium.	0,500
Sulfate d'ammoniaque.	1
Sulfate de chaux.	1

N° 25.

	Kilog.
Superphosphate.	1,250
Chlorure de potassium.	0,750
Sulfate d'ammoniaque.	1,250
Sulfate de chaux.	1,250

N° 26.

	en 1874	1875
	Kilog.	
Superphosphate.	0,500	0,500
Azotate de potasse.	0,500	0,500
Sulfate d'ammoniaque.	0,300	0,300
Sulfate de chaux.	0,500	0,500

N° 27.

	en 1874	1875
	Kilog.	
Superphosphate.	0,500	0,500
Azotate de soude.	0,500	0,500
Sulfate d'ammoniaque.	0,300	0,300
Plâtre.	0,500	0,500

N° 28.

	en 1874	1875
	Kilog.	
Superphosphate.	0,500	0,500
Chlorure de potassium.	0,250	0,250
Sulfate d'ammoniaque.	0,500	0,500
Sulfate de chaux.	0,500	0,500

N° 29.

	en 1874	1875
	Kilog.	
Superphosphate.	0,500	0,500
Chlorure de sodium.	0,250	0,250
Sulfate d'ammoniaque.	0,500	0,500
Sulfate de chaux.	0,500	0,500

N° 30.

	en 1874	1875
	Kilog.	
Superphosphate.	0,250	0,750
Azotate de potasse.	0,250	0,750
Sulfate d'ammoniaque.	0,150	0,450
Sulfate de chaux.	0,250	0,750

N° 31.

	en 1874	1875
	Kilog.	
Superphosphate.	0,250	0,500
Chlorure de potassium.	0,125	0.375
Sulfate d'ammoniaque.	0,250	0,750
Sulfate de chaux.	0,250	0,750

N° 32.

Engrais de ferme. Kilog. 125

N° 33.

	Kilog.
Superphosphate.	1
Nitrate de potasse.	0,500
Nitrate de soude.	1
Plâtre.	0,750

N° 34.

	Kilog.
Superphosphate.	1,500
Nitrate de potasse.	1
Nitrate de soude.	0,750
Plâtre.	0,750

N° 35.

	en 1874	1875
	Kilog.	
Superphosphate.	0,500	0,500
Nitrate de potasse.	0,250	0,250
Nitrate de soude.	0,500	0,500
Plâtre.	0,350	0,400

N° 36.

	en 1874	1875
	Kilog.	
Superphosphate.	0,750	0,750
Nitrate de potasse.	0,500	0,500
Nitrate de soude.	0,350	0,400
Plâtre.	0,350	0,400

Les jeunes plantes ont commencé à sortir de terre le 28 mai et le 31 elles avaient toutes levé. A partir du 20 mai et jusqu'au 27 juin les sillons de toutes les parcelles ont été chaque jour arrosés à la main pour faciliter la germination des graines qui sans cette opération eût été impossible vu l'état persistant de sécheresse à ce moment, et l'époque tardive de leur ensemencement ; chaque jour ensuite les sillons ont été passés au râteau afin d'éviter le durcissement de leur surface, lequel aurait mis obstacle à la sortie de terre des jeunes pousses.

Au 14 juin ils ont reçu un premier et léger chaussement à la main, puis un deuxième au 15 juillet.

Tous les sillons ont été souvent et soigneusement sarclés pendant tout l'été, et enfin le 15 novembre ils ont reçu le chaussement habituel d'hiver ; nous avons à ce moment fait extraire dans chaque parcelle un échantillon de racines pour être essayé en teinture.

Notons ici une observation générale fort importante au sujet du rôle que joue dans le sein de la terre le fumier de ferme ; nous avons remarqué que la germination des graines et leur sortie de terre ont eu lieu plus rapidement dans les carrés qui ont reçu le fumier d'écurie que dans ceux où cet élément a été supprimé, et où figurent seulement les combinaisons d'engrais chimiques. Ce fait est dû indubitablement à l'action mécanique exercée par le fumier de ferme qui, en raison de sa contexture, divisant le sol et le tenant soulevé, lui conserve son état de souplesse et d'ameublissement et empêche le tassement si préjudiciable à la sortie de terre des jeunes plantes ; il vient ainsi corroborer une fois de plus l'opinion souvent émise par les agronomes en faveur de l'avantage qu'offre à cet égard le fumier naturel sur les engrais artificiels.

Nous avons vu précédemment dans notre champ de Courtine les curieuses particularités qui distinguaient nos différents engrais chimiques ; aujourd'hui nous pouvons constater que les mêmes faits se sont reproduits dans notre nouveau jardin d'essai, et sont venus ainsi confirmer pleinement nos premières observations. En examinant le tableau ci-après sur lequel sont indiqués les degrés de force colorante des racines de chacun de nos 36 carrés, nous y puiserons quelques-unes des données les plus intéressantes.

TABLEAU des forces en matière colorante des racines âgées de 5 mois des 36 parcelles du jardin d'essai de la Peilhonne.

Nᵒˢ des parcelles	FORCE		Nᵒˢ des parcelles	FORCE	
	en garance.	en garancine.		en garance.	en garancine.
1	98	67	19	92	67
2	98	65	20	86	67
3	92	57	21	92	60
4	86	65	22	92	63
5	90	59	23	96	75
6	98	58	24	100	65
7	92	58	25	90	60
8	94	49	26	90	58
9	84	52	27	80	56
10	98	59	28	80	56
11	94	59	29	90	69
12	80	58	30	100	61
13	90	57	31	96	59
14	92	57	32	96	63
15	98	61	33	90	57
16	90	57	34	84	55
17	90	60	35	86	55
18	86	58	36	96	57

Dans le but d'étudier les avantages que pourraient présenter au point de vue du développement de la couleur dans la garance les mélanges avec le fumier de ferme des différents sels chimiques qui entrent dans la composition des engrais artificiels, nous avons employé dans nos 8 premiers carrés tantôt la fumure complète du fumier de ferme additionné d'engrais artificiels, tantôt des doses variables de fumier naturel et de sels fertilisants.

En nous reportant au tableau ci-dessus, nous voyons que la force colorante en teinture de ces divers mélanges est très variable ; les meilleurs sont généralement ceux contenant moitié fumier de ferme et moitié engrais chimiques, tels que les n⁰ˢ 3 et 4. Viendraient ensuite les carrés 5, 6, 7 et 8, dans lesquels les constituants seuls de ces mêmes engrais artificiels ont été, à tour de rôle, employés. La matière colorante de la garance baisserait dans ces derniers carrés et s'élèverait dans les parcelles 3 et 4. Cependant si nous nous reportons à la quantité de racines récoltées par mètre carré, nous trouvons que ces dernières parcelles 3 et 4 ont donné des poids beaucoup plus faibles que les carrés 6, 7 et 8 dont le titre en colorant est cependant moins élevé ; de sorte que les constituants des engrais chimiques additionnés de fumier de ferme ont eu surtout une action sur les poids, et que les engrais artificiels complets ont augmenté la couleur. Dans l'un comme dans l'autre cas, la quantité totale de principes tinctoriaux à l'hectare n'a pas beaucoup varié. Rapportés au fumier de ferme (carrés 2 et 32) ces mélanges ne lui sont aucunement supérieurs en teinture, et même tombent au second rang si nous les considérons comme valeur de matières premières.

Mais s'il en est ainsi pour nos premières parcelles, beaucoup d'autres au contraire offrent des différences sensibles en faveur des engrais chimiques seuls, non associés au fumier naturel. Parmi ces dernières, 4 sont égales à la parcelle 32 et 7 lui sont supérieures, notamment la formule 23 qui est la plus forte en teinture de nos 36 carrés.

Si nous passons maintenant au résultat de chacun d'eux, nous trouvons dans les parcelles 9, 10 et 11, que le nitrate

de soude se montre aussi efficace que le nitrate de potasse,
tant sur la couleur que sur le poids. Dans les parcelles
12, 13, 14, 28 et 29 nous pouvons constater le même résultat au sujet du chlorure de potassium et du sel marin,
qui donnent, étant mélangés, d'aussi bonnes teintures.

De même que nous l'avons remarqué dans le champ
de Courtine et dans les vases, de fortes doses d'engrais
chimiques, mises en contact direct avec les graines au
moment de l'ensemencement, exercent une mauvaise
influence sur le développement de la plante ; la végétation en souffre et reçoit ainsi un trouble qui se fait
sentir sur le degré de force de la matière colorante. Ce
fait se remarque dans les parcelles 15/16 et 22/26.

En outre, comme ces sels fertilisants sont d'une extrême solubilité, que de fortes pluies peuvent, si la terre
n'est pas très argileuse, en entraîner dans le sous-sol de
grandes quantités qui ne seront récupérées, en partie
seulement, que par les légumineuses à racines profondes,
et perdus par conséquent pour la garance, il convient,
grâce à leur nature pulvérulente et à leur faible poids,
de ne les donner aux plantes que petit à petit et de ne les
leur distribuer qu'en plusieurs fois dans le cours de leur
vie. Moins les doses seront fortes, plus grande sera la
quantité utilisée et plus régulière sera leur action sur la
végétation.

Pour atteindre ce but, nous avons, dans 12 parcelles
du Jardin d'Essais, divisé la quantité totale d'engrais à
leur donner en plusieurs fractions qui ne leur seront dis-
tribuées qu'à de certains intervalles. La force colorante
des racines ainsi rationnées n'a pas varié jusqu'à présent ;
elles offrent des teintures aussi belles et aussi riches que
celles qui ont reçu l'engrais en une seule fois et font pré-
sumer que dans la 2me année de leur vie végétale, elles
dépasseront de beaucoup les premières qui alors manque-
ront en partie des sels nutritifs qui leur avaient initiale-
ment été donnés.

Les doses fractionnées d'engrais chimiques que ces 12

parcelles ont reçues varient entr'elles du simple au double, et ces variations ont eu sur le développement de la matière colorante une action analogue à celle que nous avons remarquée dans les carrés 15/16 - 22/25 où la meilleure teinture provient des parcelles 15 et 23, dans lesquelles des doses moyennes de sels chimiques ont seules été répandues.

Nous croyons enfin par les formules des dernières parcelles de notre jardin d'expériences qu'il y a lieu d'établir une différence bien marquée dans la manière d'agir des nitrates de potasse et de soude. Le premier ne peut être donné aux plantes de garance qu'en proportions restreintes, tandis que le second par son action bien moins intense sur la végétation ne fait pas courir les mêmes risques aux jeunes racines. D'où il résulte que le nitrate de soude pouvant apporter à la terre des quantités plus considérables d'azote sans compromettre le succès d'une récolte, assurera dans de certaines circonstances une grande économie pour les cultures intensives.

Ainsi, Messieurs, la répétition dans notre jardin d'essai actuel des expériences du champ de Courtine n'a pas été sans utilité, puisque ces expériences se contrôlant les unes les autres ont donné des résultats presque identiques qui ont acquis par ce contrôle même un degré de plus, non pas de certitude, mais au moins de probabilité.

Essais sur les graines de garances étrangères. — L'idée de demander une augmentation du rendement en matière colorante à une ou plusieurs des nombreuses variétés de garances répandues sur toute la surface du globe, mais encore inconnues chez nous ; celle ensuite de chercher à régénérer les graines apauvries par défaut de soins ou un renouvellement trop fréquent sur place de la seule espèce cultivée dans notre région, en allant les puiser aux pays d'origine, en soumettant ensuite les produits de ces graines de choix à une sélection sévère ; ces idées, disons-nous, étaient bien faites par la possibilité de réussite qu'elles offrent, pour séduire votre commission et l'engager à en tenter l'expérience à ce sujet, si la situation actuelle de notre industrie et de notre culture garancière ne lui en avait pas fait un devoir.

Nous avons pensé que pour nous procurer des spécimens des graines de garances des diverses contrées du monde, le moyen le plus sûr et le plus rapide était de solliciter l'aide du gouvernement et de ses représentants à l'étranger ; nous avons, en conséquence, adressé une demande à M. le Ministre des affaires étrangères le priant de faire rechercher par les ambassadeurs et les agents consulaires français des échantillons des différentes espèces que nous lui avons indiquées. M. le Ministre, avec un empressement dont nous ne saurions trop le remercier, a immédiatement envoyé à tous ces fonctionnaires des instructions précises à ce sujet. Malheureusement l'époque de la graisaison était passée lorsque ces instructions sont parvenues à MM. les Consuls ; mais à défaut de graines, plusieurs d'entr'eux nous ont déjà fait parvenir par l'intermédiaire du ministère des échantillons de racines, et ont promis par les lettres qui vous ont été communiquées, de déployer tout leur zèle à faire rechercher et à nous envoyer, sitôt qu'il sera possible, des graines des variétés demandées par nous. Vous trouverez du reste à la suite de ce mémoire, la reproduction de ces lettres, dont plusieurs contiennent des renseignements fort intéressants sur certaines espèces de la famille des rubiacées et sur diverses plantes tinctoriales.

Les envois qui nous sont parvenus dans le courant de cette année 1874 sont :

De M. le consul de France à Charlestown (États-Unis d'Amérique).

1° Racines de Blood-root ou Indian-point, *sanguinaria canadensis*.

2° de M. Blaise consul de France à Lisbonne (Portugal), *rubia angustifolia*, venant des montagnes de l'île de Madère.

3° De M. le consul de France à Tauris (Perse), graines de garance d'Ourmiah, province d'Azerbaïdjan.

4° Du même : racines de garance de 3 ans, d'Ourmiah.

5° Id. racines de garance, de Jezd.

6° Id. 2 échantillons de racines de garances sauvages, d'Ourmiah.

7° De M. le consul de France à Valparaiso (Chili), graines et racines de la variété de garance dite, *gallium Chilensi*.

8° De M. le vice-consul à Ste-Croix-de-Ténériffe, quelques graines de *rubia fructicosa*.

9° De M. le consul de France à Santiago (Chili), 2 échantillons de *gallium relbum*.

10° De M. le consul de France à Damas (Syrie), racines de garance de la plaine de Damas et du district de Jabroud.

11° De M. le vice-consul de France à Porto, racines présumées de *rubia tinctorum* et racines de *crucianella* maritime, dite en Portugal, « rubia du commerce. »

Disons quelques mots sur la nature de tous ces échantillons de racines et de graines :

Le Blood-root n'est point une garance et n'appartient pas à la famille des rubiacées ; c'est une plante ayant des propriétés colorantes qui s'affaiblissent considérablement lorsque la racine perd sa fraîcheur.

La *Rubia angustifolia* croît spontanément à l'état sauvage sur les montagnes de Madère ; elle est connue dans ce pays sous le nom de *Ruiva* et *Ruivinia* ; elle n'y jamais été soumise à la culture ; elle sert à la teinture, sur une petite échelle, de quelques étoffes grossières pour vêtements. M. le Consul de France à Lisbonne, à qui nous devons l'échantillon de cette Ruï, avait cru nous l'expédier dans des conditions de fraîcheur suffisante, pour que les racines mises en terre dès leur arrivée pussent immédiatement végéter ; malheureusement il n'en a pas été ainsi, et malgré tous nos soins, ces racines plantées dans le sol n'ont pu reprendre, vu leur état trop avancé de siccité.

Les racines de garance cultivées, qui nous ont été envoyées d'Ourmiah (Perse), sont beaucoup plus appréciées que celles de Jezd et leur sont bien supérieures en riche colorante, comme vous le verrez dans le tableau ci-ap.

Les deux échantillons de racines de garance sauv: que nous avons reçus de la même contrée où elles cro. sent en abondance, proviennent l'un d'un terrain incult l'autre d'un terrain cultivé ; ils ont donné tous deux d très bons rendements en teinture ; il ne nous est pas par la vue seule des racines, permis de déterminer à quel genre de la famille des rubiacées elles appartiennent.

Le *Gallium Chilensi,* dont M. le Consul de France à Valparaiso (Chili) a envoyé quelques graines et un échantillon de racines, n'est point une garance proprement dite, c'est une variété du genre Gallium appartenant toutefois à la famille des rubiacées. Les racines de cette plante tinctoriale paraissent ne pas contenir de matière colorante dans le ligneux, laquelle résiderait au contraire dans la partie corticale en proportion presque aussi grande que dans nos racines indigènes. Nous regrettons que l'exiguïté de l'échantillon envoyé ne nous ait pas permis d'en faire un essai en teinture. Quant aux graines, ne les ayant reçues qu'à fin juin, il était trop tard pour les mettre en terre ; du reste, par leur peu de rapport avec les graines ordinaires de garance, elles ne nous paraissent pas présenter un grand intérêt ; toutefois nous comptons les semer à titre d'essai au printemps prochain.

Les quelques graines que nous avons reçues du vice-consul de France à Ste-Croix-de-Ténériffe sont des graines de *rubia fructicosa.* Dans cette île qui fait partie du groupe des îles Canaries, cette plante croît spontanément sous forme de buisson ligneux sur les côteaux maritimes, dans les terrains vagues et sur les bords des ravins. Il est fàcheux que ces graines nous aient été envoyées trop tard pour être ensemencées encore cette année ; nous les avons reçues seulement dans le courant de juillet. Ce fait est d'autant plus regrettable que d'après l'opinion de M. le consul de France à Ténériffe, la *rubia fructicosa* est peut-être appelée à nous rendre dans les circonstances actuelles des services réels, soit à cause de sa valeur tinctoriale, soit à cause de l'analogie qui existe entre sa manière d'être et celle des variétés cultivées dans notre pays, et de la facilité avec laquelle elle pourra être introduite chez nous, facilité basée sur l'analogie du climat de Ténériffe et celui des pays d'origine de notre *rubia tinctorum*. Espérons que le prochain envoi que nous attendons de ces graines nous arrivant en temps utile, nous permettra de voir se réaliser les espérances fondées sur cette variété de garance.

Le *gallium relbum* envoyé par la légation de France à Santiago (Chili) n'est, de même que le *gallium Chilensi* de Valparaiso, qu'une variété du genre gallium appartenant aux rubiacées. Cette plante, assez estimée au Chili en raison de ses principes colorants, habite les lieux humides et aussi les parages d'une certaine élévation de la chaîne des Cordilières, toutefois les racines que nous possédons, presque exclusivement composées de ligneux, ne nous paraissent pas offrir une grande richesse en matière colorante.

Les garances de Syrie provenant des districts de Jabroud et de la plaine de Damas, qui ont été envoyées par le Consul de France en cette dernière ville, appartiennent à la variété *Rubia tinctorum*. Celles de Damas dont la production est, paraît-il, très limitée et qui ne s'exportent même pas, nous ont donné aux essais en teinture des rendements très élevés et bien supérieurs à ceux de nos meilleures garances indigènes.

Des deux spécimens de racines de garance envoyés par le Vice-consul de France à Porto (Portugal), l'un désigné sous le nom présumé de *Rubia tinctorum* paraît effectivement appartenir à cette variété de garance et doit être le résultat d'une importation dans ce pays et non point d'une production indigène ; l'autre composé de racines d'une plante *maritime* poussant spontanément sur les côtes, nommée *Crucinella*, ne nous a paru offrir aucun intérêt au point de vue de sa valeur comme plante tinctoriale.

Le tableau ci-après indique le rendement en garancine et la force colorante de quelques unes des racines ci-dessus mentionnées comparé à ceux de nos garances rosées et paluds.

ÉCHELLE DE PROPORTION DU COLORANT

dans les Racines envoyées par les Consuls français à l'Étranger

NOMS DES LOCALITÉS OU DES GARANCES ESSAYÉES.	RENDEMENT en garancine.	Force en teinture.	Force totale des Racines.
Garances d'Orange, dites Rosées.	36°/₀	90	64
id. de Monteux, dites demi Paluds.	34°/₀	95	64
id. des Paluds.	32°/₀	100	64
id. de Jezd (Perse.)	30°/₀	100	60
id. d'Ourmiah (Perse.)	45°/₀	75	67
id. d'Ourmiah, récoltées dans un terrain inculte.	49,5	70	69
id. d'Ourmiah, récoltées dans un terrain cultivé.	44,5	92	81
id. de Damas n° 1 (Syrie.)	49.8	100	100
id. id. n° 2 id.	35°/₀	90	63
id. d'Ourmiah, âgées de 3 ans.	43,5	80	69
id. de Porto (Portugal) , racines lavées.	64°/₀	87	111

Ainsi que nous venons de le voir, presque toutes ces racines sont supérieures comme richesse de matière colorante à nos meilleures garances de pays. L'échantillon de Syrie n° 1 notamment, a accusé aux essais en teinture un rendement 40 % plus fort que celui de ces dernières ; aussi, appréciant toute l'importance de cette première donnée qui nous fait concevoir pour l'avenir de légitimes espérances, nous venons de demander à M. le Ministre des affaires étrangères de vouloir bien prier M. le Consul de France à Damas de nous procurer 100 ou 150 kilog. de graines de cette variété, afin d'en faire un essai en grand.

Lorsque nous demandâmes au Ministère de nous faire venir des pays d'outre-mer les variétés de garances que nous avons indiquées, nous pensions bien, qu'en raison de l'éloignement des contrées où se trouvent ces plantes, un temps relativement assez long s'écoulerait pour la transmission des instructions, la recherche des échantillons demandés, et leur arrivée en France. Aussi en attendant et voulant commencer le plus tôt possible quelques expériences sur des graines de choix, nous avons pris le parti de nous adresser aux bons offices de quelques personnes à même par leur position de nous fournir des graines choisies, et grâce à leur obligeance, nous en avons reçu quelques spécimens assez à temps pour être semés dans notre jardin d'essai.

M. le révérend père Henry, de la compagnie des Jésuites, en résidence à Beyrouth (Syrie), nous a envoyé un échantillon assez fort (6 kilos environ) de graines de garances cultivées à Nebk et à Jabroud, villes situées à deux journées de marche de Beyrouth. Ces graines nous sont parvenues le 15 mai ; elles ne nous ont donné aux essais de germination qu'une perte de 7 %. Mises en terre le 20 mai, elles ont poussé avec une vigueur extrême, et ont eu jusqu'à la mi-juillet la plus luxuriante végétation ; à partir de cette époque, l'aspect de la végétation extérieure a changé, les fanes se sont peu à peu complètement desséchées et jusqu'à fin août elles ont présenté le plus triste aspect ; il n'a fallu rien moins que l'examen des racines, qui étaient en parfait état et dont la beauté et la vigueur contrastaient avec le desséchement des fanes, pour nous rassurer sur les craintes que le piteux état des plantes nous faisait concevoir pour l'avenir de cet essai ; mais sitôt que les pluies de septembre sont arrivées, les plantes ont repris leur force et leur verdeur. Ce fait est intéressant à noter, car cet état particulier de la plante pendant l'été étant probablement inhérent à la nature de cette variété de garance, les personnes qui pourront semer des graines de cette espèce, sauront qu'elles n'auront pas à se préoccuper de l'aspect précaire de leur végétation herbacée pendant les mois de juillet et d'août. Les racines de cette garance sont traçantes, au lieu d'être pivotantes comme celles de la *rubia tinctorum*, les tiges et les feuilles sont plus grêles et d'un vert plus clair que celles de cette dernière ; nous pensons qu'elle appartient à une variété autre que la *rubia tinctorum* cultivée dans notre pays.

M. Cavelt, négociant à Naples, a bien voulu nous adresser des échantillons de graines de garances de *Pœstum* d'*Acerra* et de *Scaffati*, qui sont comme vous le savez trois localités de la province de Naples où sont cultivées les meilleures garances ; celles de *Pœstum* sont les plus estimées, elles croissent dans des terres paludéennes et correspondent aux paluds de notre pays.

Mises en terre le 19 mai, ces graines qui aux essais de germination n'ont accusé que 6 %, de perte, ont parfaitement levé, les plantes depuis leur sortie de terre jusqu'au 15 septembre se sont constamment maintenues très vertes et très vigoureuses. La beauté et surtout la régularité des sillons de ces garances contrastaient avec celles des sillons voisins, où, comme points de comparaison, nous avions semé les graines de pays, qui aux essais de germination avaient donné les résultats peu édifiants que nous avons indiqués plus haut.

Nous devons à l'obligeance de M. Vilmorin quelques spécimens de graines de garances de Smyrne et de Bakir et surtout un échantillon fort intéressant de graines de garances sélectionnées. M. Vilmorin père a fait, comme vous le savez, des essais de sélections sur toute espèce de plantes cultivées et notamment sur les betteraves. Frappé des beaux résultats qu'il avait obtenus, il voulut étendre sa méthode aux graines de garances. Les essais de sélection qu'il fit sur cette dernière plante, essais dont notre honorable collègue M. Leenhardt nous a développé les détails et vivement recommandé la continuation dans un remarquable article publié en tête de la brochure contenant notre rapport d'octobre 1873, ces essais, disons-nous, furent malheureusement interrompus par la mort de M. Vilmorin. Son fils les a continués, mais plutôt au point de vue de la végétation extérieure de la plante qu'à celui des principes colorants. Il nous a envoyé sous le nom de graines améliorées de Verrières quelques graines provenant de ces derniers essais. Mises en terre le 19 mai, ces graines, qui aux essais de germination ne nous ont donné qu'une perte de 6 %, sont parfaitement sorties le 1er juin. Les plantes ont été vigoureuses pendant tout l'été, elles ont présenté cette particularité, c'est que leur tige est plus grosse et leur feuilles plus larges, plus rugueuses que celles de nos garances ordinaires ; ce fait est un indice certain de l'amélioration de la constitution de la plante et montre déjà l'effet du moyen employé pour atteindre ce but, c'est-à-dire de la sélection.

M. Vilmorin nous a aussi adressé quelques échantillons de graines de garances d'Asie, désignées sous la dénomination générale de graines de Bakir, mais provenant en réalité de diverses parties de la province d'Anatolie où est située cette dernière ville, laquelle a donné son nom à la meilleure qualité de garances qui jadis se trouvait seulement dans ses environs. Les plantes provenant de ces graines ont été assez chétives durant toute la période qui s'est écoulée du 1er juin au 15 novembre et leur végétation extérieure n'a été nullement en rapport avec leur végétation souterraine, laquelle, comme nous le verrons tout à l'heure, a été très satisfaisante sous le rapport du rendement des racines.

Toutes ces graines que nous venons d'énumérer, soit de Syrie, de Naples, de Verrières ou de Bakir, nous ont donné des rendements en poids en rapport avec les espérances que nous avions conçues, en raison des soins apportés à la récolte des unes et du procédé de sélection appliqué aux autres.

Les racines de *Pæstum* (Naples), de Batkir et de Verrières (Vilmorin) fumées avec du fumier de ferme seul, et soumises aux conditions accoutumées de la culture de la garance dans nos pays, nous ont donné, à l'âge de 6 mois, des rendements en colorant aussi forts que ceux des racines rosées de 18 mois, et de plus des rendements moyens de 180 grammes par mètre carré soit 1800 kilos à l'hectare, tandis que des racines de pays placées dans les mêmes conditions, ne nous ont donné que 112 grammes par mètre carré ou 1200 kilos à l'hectare. Or, en suivant la progression ordinaire du poids, lequel double de 6 mois à 18 mois pour les racines de garance, nous voyons que ces jeunes garances qui à 6 mois produisent 1800 kilos de racines devront nous en en donner 3600 à 18 mois. A l'appui de cette prévision, nous vous rappellerons que dans notre champ de Courtine, nous avons obtenu ce rendement de 3600 k. à l'hectare avec des graines de commerce de Smyrne.

Vous voyez, Messieurs, quelle est l'importance de ces derniers essais, quelles légitimes espérances leurs premiers résultats nous font concevoir, combien est grande et intéressante la voie ouverte à nos expérimentations sur le choix des graines et la sélection des plantes, moyens de régénération de nos semences épuisées et pouvant jouer un rôle peut être décisif dans l'amélioration de notre culture garancière.

CHAPITRE V.

Observations générales sur l'influence des Engrais et des graines sur les Rendements en poids et en couleur des Racines.

Permettez-nous, Messieurs, de joindre aux faits particuliers à la végétation de nos champs d'expériences quelques considérations générales qui nous ont été inspirées par la comparaison fréquente et l'étude journalière des observations dons nous venons de vous faire connaître les résultats.

Il serait certainement très utile et très agréable de pouvoir juger de la valeur colorante d'une racine par l'examen de sa végétation extérieure ou par certains indices qu'elle porterait avec elle. Lorsqu'on parcourt un champ d'expériences, si on note avec soin l'aspect de la plante, la longueur et la force de développement de ses fanes, et si on arrache ensuite la racine qui leur donnait la vie, on sera tout étonné des résultats en teinture et des anomalies qui se présenteront entre sa richesse colorante et son état herbacé. Tantôt ce seront des fanes d'une végétation luxuriante qui ne donneront pas toujours des racines d'un titre élevé en colorant, tantôt ce seront des tiges presque chétives arrêtées dans leur essor par un manque de vie, et qui cependant fourniront des racines accusant une grande quantité de principes colorants ; de telle sorte qu'on reconnaitra bientôt l'impossibilité de porter un jugement certain sur la valeur de telles ou telles garances à la seule vue de leur végétation herbacée. Tout au plus sera-t-il permis de supposer qu'à des fanes pleines de vie doivent correspondre de fortes et nombreuses racines dont le poids à l'hectare sera sans doute élevé, mais on ne pourra pas préjuger de là, que si ces grosses et belles racines sont converties dans la suite en garancine, elles devront donner des rendements plus forts que n'en fournirait tout autre racine plus petite et moins belle.

Nous vous avons entretenu, à propos des essais de teinture de mois en mois, des curieux résultats que nous avions observés dans les rendements de leur garancine. Nous allons placer sous vos yeux un tableau qui vous montrera d'une manière plus frappante encore, les écarts des rendements en poids des garancines fabriquées avec des garances arrachées en pleine végétation et d'autres en plein repos hivernal. Ces garancines ont été obtenues sans fermentation préalable des poudres ; elles ne peuvent pas servir, par conséquent, de point de comparaisons avec celles obtenues dans nos fabriques, dont les rendements s'élèvent avec des vieilles racines et descendent avec des jeunes garances. Nous ne les rapportons seulement que dans le but de montrer l'influence majeure qu'exerce la végétation sur les principes accumulés dans les racines. Ces corps sont dédoublés et rendus solubles dans l'eau par la fermentation, tandis qu'ils sont insolubilisés par l'action à chaud des acides minéraux ; ce sont eux qui augmentent dans une grande proportion les rendements des garancines ci-dessous.

Nos des parcelles.	RENDEMENT POUR 100 DES GARANCINES FAITES EN				
	Janvier.	Mai.	Juin.	Juillet.	Octobre.
2	38%	52%	44%	39%	36%
3	35	59	43	37	39
4	32	53	40	37	39
5	33	47	47	38	42
6	32	52	41	35	43
7	31,5	47	40	37	40
8	33	46	38	37	39
9	38	51	41	37	41
10	34	52	39	37	39
11	37	49	38	36	40
12	37	57	38	34	41
13	32	51	46	36	38
14	35	50	40	40	41
15	37	46	36	34	38
16	34	49	37	33	37
17	33,5	49	36	34	40
18 Palud.	32	44	35	34	40
18 Smyrne.	37	49	40	43	36
19	35	54	35	40	40
20	35,5	52	37	35	38
21	35,5	49	35	35	36
Moyennes.	34	50	38	36	40

Les garancines de ce tableau sont celles du champ d'expériences de Courtine. Chaque mois à peu près, une prise d'échantillon avait lieu ; les racines étaient converties en garancine, (*) et les rendements soigneusement notés ont servi à faire le tableau ci-dessus. Nous y voyons que la moyenne des rendements est la plus élevée pour le mois de mai, la plus petite pour le mois de janvier ; s'élevant ou descendant ensuite entre mai et octobre selon que la végétation est ou non activée. Les deux plus forts rendements sont donc pour les deux mois de mai et d'octobre qui correspondent chacun aux deux grandes phases de la sève dans le règne végétal. Bien que ces racines proviennent toutes du même champ, il en serait de même si elles avaient été récoltées sur des points éloignés entr'elles. Toutes les observations que nous avons enregistrées concordent avec celles-ci, et toutes nous montrent la sève du printemps comme la plus active sur les rendements en poids de nos garancines. Voici encore une moyenne provenant de garances d'un champ du domaine de Paillot :

Rendements en garancine :

Novembre 1873.	Décembre 1873.	Mars 1874.	Octobre 1874.
26 %	30 %	40 %	32 %

Ce fait est constant et ne souffre que de légères exceptions pour les racines qui ont de 3 à 4 ans de séjour en terre. Le ligneux y domine et l'afflux de la sève y est moins sensible que chez les jeunes plantes de 6 à 18 mois.

A cette observation sur les rendements s'en rattache une autre qui a une bien plus grande portée. Il s'agit de la migration de la matière colorante pendant une année dans les mêmes racines. L'alizarine se forme t-elle ra-

---

(*) Poudres de garance 10 gr. Acide Sulfurique à 66° 30 °/.. de la poudre. Eau distillée 100 gr. Ebullition de 2 heures et 1,2 au bain-marie.

pidement dans la plante dès son jeune âge pour se répandre ensuite petit à petit dans les racines à mesure de
leur formation ? ou bien se reproduit-elle dans les mêmes
circonstances qui donnent naissance aux matières sucrées
et azotées ? un coup d'œil jeté sur le tableau ci-dessous
pourra singulièrement faciliter la réponse.

Numéros des		FORCE TOTALE (comparée à octobre qui sert de type) DES GARANCINES FAITES EN				
Parcelles de Courtine.	Vases.	Janvier 1874.	Mai 1874.	Juin 1874.	Juillet 1874.	Octobre 1871.
2	7	55	83	77	62	73
3	9	54	100	64	52	75
4	10	56	84	64	57	78
5	11	48	84	72	57	74
6	12	59	89	77	53	80
7	13	50	70	68	49	77
8	14	51	70	66	61	76
9	15	55	70	73	60	82
10	16	55	77	72	56	78
11	17	50	75	66	52	77
12	18	50	82	57	58	75
13	24	33	80	70	61	77
14	28	44	82	72	66	83
15	19	50	71	64	60	77
16	29	44	83	70	51	82
17	29	48	73	65	49	85
18 P.		42	61	64	55	80
18 S.		54	70	68	57	77
19		50	97	64	57	80
20	3	45	88	59	54	79
21		45	70	52	48	77
Moyennes.		50	80	66	56	75

Ce tableau se compose de toutes les forces colorantes
des garancines qui du mois de janvier au mois d'octobre

1874, ont été faites avec les racines des champs d'expériences de Courtine. Toutes ces forces ont été rapportées à octobre qui a servi de type, et dans leur fixation il a été tenu compte et du rendement et de la force brute en teinture.

De même que dans le tableau précédent nous avons vu les rendements suivre constamment la végétation, de même dans celui-ci voyons-nous le titre en colorant suivre pas à pas la vie de la plante. Les deux résultats sont identiquement les mêmes, ils se confondent.

La moyenne des forces colorantes de mai est de 80", celle de juin 66", de juillet 56°. Cela ne signifie-t-il pas qu'au printemps, époque de vie active et surabondante, la racine accumule dans ses tissus : matières colorantes, matières sucrées, matières azotées, qui, si la végétation n'était pas interrompue pendant les mois suivants, viendraient continuellement augmenter les proportions des corps qui nous sont si précieux ?

Cette déperdition du colorant en juin et juillet ne prouve-t-elle pas l'arrêt de la vie extérieure de la plante et par conséquent la dissémination dans tout son intérieur des sucs qu'elle avait amassés et qui servent maintenant en quelque sorte à sa nourriture interne ? Ces sucs ne paraissent-ils pas alors se transformer petit à petit, se solidifier pour ainsi dire dans le sein de l'organisme de la plante et se convertir en cellulose qui, augmentant toujours le poids de la racine, tend sans cesse à diminuer la partie corticale, spécialement chargée de l'élaboration de la sève et par conséquent de la couleur.

Quand ensuite les chaleurs de l'été ayant cessé, l'humidité permet de nouveau à la sève automnale de circuler dans les racines, et à ces dernières de puiser dans le sol les sels qui sont nécessaires à leur développement, les mêmes forces que nous venons de voir en jeu ne recommencent-elles pas de rechef à élaborer et à emmagasiner les liquides nourriciers qui lui permettront plus tard d'augmenter en poids ? Cette absorption de principes colorables ne répond-elle pas à l'augmentation de couleur que signale ce tableau pour le mois d'octobre? Ainsi cette double action paraît-elle se poursuivre dans les mêmes conditions jusqu'à ce que le ligneux ayant envahi la plus grande partie de l'écorce, l'atrophie en quelque sorte et l'empêche d'élaborer les sucs que sa constitution lui permet seule de faire entrer dans la plante. Alors à cette époque, la racine de garance a perdu presque tout son colorant, elle ne contient presque plus ni sucre, ni matières protéiques, la cellulose l'a envahie, elle est devenue bois.

De là, la nécessité pour sauvegarder la richesse tinctoriale de la garance, de ne l'extraire qu'après la sève montante; mais cette cause qui, dans le principe sans doute, avait fait adopter les arrachages tardifs, a été dénaturée par la suite et l'on en est venu à croire qu'il ne fallait pas arracher en sève, non pas parce que la matière colorante se forme à ce moment, mais parce qu'au contraire elle n'est pas encore formée.

Pour nous, considérons un instant la racine de garance comme un animal qui est soumis à l'engraissement. Si, arrivé au point que l'éleveur désire lui donner il lui retire la nourriture, les matériaux qui se sont accumulés sur le corps de l'animal vont se transformer, ils vont concourir à entretenir sa vie pour disparaître bientôt si la nourriture ne lui est pas redonnée en grande abondance. Or, il en est presque de même pour notre racine. En pleine végétation, elle élabore, absorbe, accumule dans ses tissus les sucs qui lui sont nécessaires pour parcourir toutes les phases de sa vie, puis les use pour ainsi dire dès que la végétation extérieure ne lui donnera plus les matières nécessaires à sa nutrition. La matière colorante de la garance est mêlée à ces corps, elle est élaborée en même temps qu'eux et en plus grande quantité que physiologiquement la plante aura une plus grande propension à s'en charger.

De là, nous le disons de nouveau, la nécessité d'arra-

cher dès que la sève s'arrète pour ne pas laisser disparaître, soit par oxidation soit par réduction, dans le sein de
la plante, une partie des éléments colorants qui sont alors
à leur plus haut point de concentration dans un poids
donné de garance.

De cet état particulier de la sève et de la matière colorante dans les jeunes racines ressort pour nous un fait
d'une grande importance. Nous voyons qu'à 12 mois la
racine de garance contient autant et souvent plus de principes tinctoriaux qu'à 18 mois (voir le tableau page 69.) Nous
allons voir maintenant que généralement à 6 mois et
sous l'influence d'engrais appropriés, de jeunes garances
peuvent donner, à poids égal, autant de colorant qu'à 18
mois. Si dans nos essais de Courtine nous n'avons pu
comparer entre elles les forces colorantes de la 1re et de
la 2me année de la végétation, une expérience faite dans
une parcelle de terre du domaine de Paillot nous a
heureusement permis d'établir cette comparaison. Le
tableau qui suit nous donne cette échelle de proportion,
s'étendant d'octobre 1873 à octobre 1874.

TABLEAU comparatif des forces en teinture des racines

prises dans le domaine de Paillot, indiquant la progression de la matière colorante dans une année.

Formules des Engrais.	Octobre 1873.		Novembre 1873.		Décembre 1873.		Mai 1874.		Octobre 1874.	
	Garance.	Garancine.	Garance.	Garancine.	Garance.	Garancine	Garance.	Garancine.	Garance.	Garancine.
PARCELLE N° 1. Fumier de ferme 60,000 kil.	45		65		85	64	100	80	95	64
PARCELLE N° 2. Fumier de ferme, 60,000 kil. Superphosphate de chaux. 34 Azotate de potasse. 17 Sulfate d'ammoniaque. 20 Sulfate de chaux. 29	90		90		90	56	100	69	95	61
PARCELLE N° 3. Fumier de ferme, 60,000 kil. Superphosphate de chaux. 40 Chlorure de potassium. 20 Sulfate d'ammoniaque. 5 Sulfate de chaux. 35	100		100		100	57	100	69	95	61

Nous remarquons dans ce tableau que les racines de 6 mois, récoltées en octobre 1873, et celles de 18 mois, récoltées une année plus tard en octobre 1874, donnent en teinture garance les mêmes quantités de matière colorante à ces deux époques extrêmes. Si la parcelle 1 diffère des deux autres en teinture, c'est qu'elle a été fumée avec du fumier de ferme seul dont la décomposition et l'assimilation peu rapides la première année ne se sont fait sentir sur la végétation que la deuxième année, tandis que les formules 2 et 3 ont permis à la végétation d'élaborer dès la première année la totalité de la matière colorante de la racine. De telle sorte qu'à 7 mois l'alizarine était aussi bien formée qu'à 18 mois.

Nous allons voir les mêmes faits se reproduire dans notre jardin d'essai. Au mois de novembre dernier, toutes les racines qui ont servi à former les tableaux que nous vous avons tracés dans le cours de ce rapport avaient deux ans de terre ; à cette date, les jeunes racines de notre nouveau jardin d'essai n'étaient au contraire âgées que de quelques mois. Aux essais comparatifs de teinture auxquels ces jeunes racines furent soumises, non seulement la proportion de colorant fut trouvée aussi forte que celle donnée par les garancines de Courtine ou du domaine de Paillot, mais encore atteignirent en richesse tinctoriale, pour quelques unes d'entr'elles, la qualité des garances venues sur des défrichés de jardins maraîchers sur les bords de la Durance et dont le pouvoir colorant était bien au-dessus de la moyenne fournie par les racines rosées. Sur nos 36 carrés, cinq nous ont donné des racines d'une très belle végétation et aussi riches en colorant que les garances ci-dessus ; ces carrés sont précisément ceux fumés avec des doses modérées d'engrais chimiques. Mais, de même qu'en Courtine et au domaine de Paillot, les fumiers n'ont pas produit la première année autant de couleur que les engrais artificiels ; de même au jardin d'essai, le titre en colorant des garances qui ont reçu le fumier de ferme est très inférieur à celui des garances qui ont reçu les engrais chimiques.

Le fumier de ferme est d'une décomposition relativement lente et d'autant plus longue qu'il est d'une plus mauvaise qualité ; aussi, placé dans les mêmes circonstances que les engrais chimiques, le fumier de ferme ne pourra être assimilé aussi rapidement par les plantes et n'exercera son action que longtemps après que les sels chimiques auront produit la leur.

En sorte que dans les cultures ordinaires où les engrais pailleux forment seuls la base des fumures de la garance, sans adjonction de tourteaux de graines, on peut très bien rencontrer des racines qui à 6 mois seront incomparablement plus faibles que celles de 18 mois.

Dans les terrains paluds, où la proportion de calcaire est suffisante pour la décomposition rapide des engrais organiques, ces différences s'amoindrissent singulièrement. Ainsi, dans les essais que nous avons faits pour rechercher quel était le mois le plus favorable à l'extraction des racines, nous avons vu des jeunes garances paluds de 8 mois de terre, donner autant de couleur en teinture que des racines de trois ans arrachées à la même époque et récoltées sur des terres pur paluds. De semblables essais furent faits à Mulhouse, il y a quelques années et permirent de constater le même résultat. M. Schutzenberger dans son excellent traité des matières tinctoriales rend compte des diverses expériences qui furent entreprises pour élucider cette importante question. « On planta, dit-il, au jardin botanique de la « Société industrielle, des garances pendant quelques an- « nées en laissant les anciennes racines en terre, et en en « replantant, à chaque printemps, de nouvelles par bou- « ture. On récolta à la fois toutes les racines des diffé- « rents âges, soit espèces d'Alsace, soit espèces d'Avi- « gnon et l'on trouva que les racines d'une seule année « de terre étaient, à peu de chose près, aussi riches en « matière colorante que celles de deux, trois et même « de cinq ans. »

Comme on le voit, tous ces essais concordent parfaitement entre eux et acquièrent ainsi un degré de certitude de plus. Mais de ce que la matière colorante est intimement liée au développement de la plante et surtout à la proportion des sels assimilables qu'elle trouvera autour d'elle, il ne s'en suit pas que la couleur soit sous la dépendance exclusive de la végétation et que si elle n'augmente plus en quantité dans un poids donné de racines malgré l'influence d'un séjour plus prolongé dans la terre, elle ne puisse subir aucune variation dont nous ne puissions profiter. Au contraire de nombreux faits vous prouvent et nos expériences nous le confirment, que le principe tinctorial des rubiacées peut augmenter ou diminuer du simple au double, soit : 1° par la nature chimique du sol et sa richesse en éléments fertilisants ; soit : 2° par le choix des graines reproductrices. Les terrains très calcaires ont une action évidente, connue depuis très longtemps sur le développement des garances et de leur matière colorante. De tels sols amènent très rapidement les engrais pailleux à leur décomposition ultime en donnant lieu à la formation de composés éminemment actifs sur la production de la couleur. Un terrain épuisé de ces éléments ne peut, malgré des fumures abondantes, revenir de suite à sa prospérité d'autrefois. Cette transformation intime que subissent les principes fertilisants du fumier de ferme enfoui dans le sol nous est inconnue. Nous en constatons la présence par l'amoindrissement de la couleur dans les récoltes qui se succèdent trop souvent dans le même champ, mais nous ne pouvons jusqu'à présent avoir aucune donnée sur leur nature. De quels sels se composent-ils ? de quels éléments la terre s'épuise-t-elle le plus rapidement ? Nos expériences sont encore trop récentes et trop peu répétées pour pouvoir porter un jugement sur ces faits si cachés de la végétation.

Jusqu'ici, les engrais chimiques, à ce point de vue du moins, n'ont pas eu d'action très marquée sur la matière colorante seule. Ils ont augmenté le poids dans certains cas, et d'une manière détournée le colorant total, sans en avoir fait varier la proportion initiale sur une large échelle. En comparant leur effet au fumier de ferme, nous constatons qu'à 18 mois ils ont donné, tout autant que ce dernier, des récoltes aussi abondantes aussi riches en colorant et parfois sensiblement supérieures, mais qu'ils n'ont pu l'élever ni plus haut que ne l'auraient fait les engrais pailleux mis en grande quantité dans le sol, ni suppléer aux matières complexes que renferment en assez grande quantité les terres vierges de cette culture.

Des données que nous venons de vous exposer, il ressort pour nous ce fait d'une grande portée, c'est que la matière colorante de la garance suit à peu près toujours la marche de la végétation intérieure de la plante. Elle augmente, à conditions égales de sol et de climat, proportionnellement au développement du poids des racines. Si donc à 9 mois de culture on pouvait produire autant de poids qu'à 18 mois de séjour en terre, le jeune âge de ces racines et de leur matière colorante ne pourrait porter atteinte à l'extraction et à l'utilisation industrielle de ces garances. Or, vous n'ignorez pas, Messieurs, que la culture de la garance est onéreuse, qu'elle demande beaucoup de travail, et que ce qui surtout élève dans une forte proportion son prix de revient est l'obligation que l'on croit généralement fondée de la laisser deux et souvent trois ans en terre; que si, par une culture mieux appropriée, par un choix d'engrais à décomposition rapide et énergique, et par une qualité de graines comme les Smyrne, par exemple, poussant aux gros rendements, on parvenait à produire en une année les mêmes quantités de racines qui sont récoltées aujourd'hui en deux ans, on aurait résolu la moitié du problème qui nous préoccupe si fortement. A une culture qui actuellement ne donne que des pertes, succéderait un état de choses plus prospère et dont l'influence se ferait bientôt sentir sur le commerce de notre précieuse rubiacée. Nous pensons que ce changement dans la culture n'a rien d'impossible : quelques chiffres vont vous le démontrer. Un hectare de terre en 18 mois

peut moyennement produire 2500 kilog. de racines rosées qui à 20 % de déchet se réduisent à 2000 kilog. de
poudre. Dans notre champ d'expériences, nous avons
eu des carrés qui à 6 mois, dans des conditions réellement
défavorables de culture, nous ont donné un rendement de 1800 kilog. à l'hectare, laissant après dessication 1440 kilog. de poudre. Il aurait donc suffi d'une
augmentation de 560 kilog. pour atteindre le rendement
commercial d'une garancière de 18 mois.

Comme nos essais d'engrais et de graines n'ont pas été
faits spécialement en vue d'obtenir le résultat que nous
venons d'indiquer, il est naturel de penser que lorsque
des études auront été faites expressément en ce sens,
une amélioration notable des rendements se manifestera
et permettra, nous l'espérons, un changement qui serait
la rénovation de la culture des alizaris.

CONCLUSIONS

Parvenus au terme de ce travail, nous croyons utile, Messieurs, de résumer les différentes parties de nos études qui offrent un certain intérêt, et, nous basant sur les résultats que nous avons obtenus, ainsi que sur les conséquences qu'il est permis d'en tirer, de fournir aux agriculteurs quelques indications propres à les relever du découragement où les a jetés la situation actuellement précaire de la culture de la garance.

Il est un fait désormais acquis, corroboré du reste par l'expérience de ces dernières années et par l'opinion d'agronomes distingués, celui de l'abaissement du rendement de nos terres à garance ; et, l'alizarine artificielle ne serait-elle pas venue, par la concurrence qu'elle fait à nos produits, apporter sa part dans le malaise qui pèse sur notre culture garancière, nous ne craignons pas de dire que cette culture est arrivée actuellement à une situation telle qu'il y aurait eu, quand même, urgence à chercher à la régénérer par tous les moyens possibles, ce qui est déjà une première et ample justification des essais entrepris à ce sujet par votre Commission.

De nos expériences faites en vases, au champ de Courtine et au jardin d'essais de la Peilhonne, lesquelles ont eu pour but d'étudier le rôle du fumier de ferme et celui des engrais chimiques et la constatation de l'action de ces derniers sur le développement de la matière colorante de la garance, il résulte que : le chlorure de sodium peut entrer pour une certaine proportion dans les mélanges salins fertilisants ; que le nitrate de soude peut avantageusement remplacer le nitrate de potasse ; enfin qu'à égalité de prix les rendements en poids et en couleur à l'hectare sont à l'avantage des engrais artificiels. Ces expériences nous montrent en outre, que le fumier de ferme additionné, non pas des engrais chimiques complets, mais seulement de leurs constituants, peut élever sensiblement, selon la composition et la richesse des terrains ensemencés, la quantité des racines récoltées.

En nous basant sur ces faits, nous croyons pouvoir recommander dès à présent l'usage des formules suivantes, nous réservant toutefois de les modifier au fur et à mesure que les essais en cours d'exécution nous indiqueront les améliorations à introduire dans leur composition. Car, Messieurs, il ne faut pas se le dissimuler, les expériences agricoles doivent être répétées sur le même sol un certain nombre de fois pour pouvoir acquérir la certitude qu'aucune influence étrangère ne trouble la rigueur des résultats constatés.

FORMULES A EMPLOYER POUR UN HECTARE DE TERRE A GARANCE.

FORMULE N° 1.

	1re année à l'ensemencement	2me année au printemps.
Superphosphate de chaux.	300	200
Chlorure de potassium.	100	100
id. de sodium.	100	50
Sulfate d'ammoniaque.	200	200
Plâtre.	300	100

FORMULE N° 2.

	1re année à l'ensemencement.	2me année au printemps.
Superphosphate de chaux.	300	100
Chlorure de potassium.	100	50
Azotate de soude.	250	250
Plâtre.	300	100

FORMULE N° 3.

	1re année à l'ensemencement.	2me année au printemps.
Superphosphate de chaux.	300	100
Nitrate de potasse.	200	100
Sulfate d'ammoniaque ou nitrate de soude.	100	200
Plâtre.	150	150

Ces mélanges sont d'un prix inférieur au fumier de ferme, ils apportent à la terre un excès de sels assimilables sur ceux enlevés par de fortes récoltes de garance ; seulement pour parer aux pertes qui résultent de leur grande solubilité, il convient de ne les répandre sur la terre, ainsi que nous l'avons indiqué ci-dessus, qu'en deux fois ; la première au moment de l'ensemencement, la seconde au printemps de l'année suivante, lorsque les plantes sortent de nouveau de terre.

Les formules n° 1 et 2 doivent être appliquées aux sels argilo-calcaires, celle n° 3 aux terrains calcaires.

De nos expériences sur les graines de choix provenant de la sélection ou des pays d'origine, nous croyons qu'on peut sans trop de témérité tirer cette conclusion justifiée en partie dès à présent par l'élévation des rendements en racines qu'elles nous ont donnés : que, le remplacement par ces graines de choix de nos semences abâtardies à la suite du manque de soins et d'un renouvellement trop continu sur place est appelé à jouer un rôle prépondérant dans la régénération de notre culture. De plus, si l'on admet, ce que nos essais tendent à démontrer, que la garance à 6 mois contient autant de matière colorante à poids égal, bien entendu, entr'elles, que celles de 18 mois, nous pensons qu'en cherchant à obtenir au moyen de ces graines pures et d'engrais chimiques à décomposition rapide des rendements de poids aussi forts à 6 ou 7 mois qu'à 18 mois, il nous est permis d'entrevoir, par les résultats déjà acquis, la possibilité de rendre annuelle la culture de la garance au lieu de bisannuelle ou trisannuelle qu'elle est actuellement. Ce résultat aurait pour conséquence de supprimer une partie considérable des frais de culture, et présenterait des avantages économiques d'une portée immense pour l'avenir de notre culture garancière.

Nous ne saurions trop appeler l'attention des agriculteurs sur ce point, en les engageant à laisser de côté les semences dégénérées à 40 et 50 % de perte et à n'employer à l'avenir que des graines provenant soit de la sélection soit des pays d'origine.

Nous dirons à ce propos qu'il nous a été demandé bien souvent si nous ne pourrions pas indiquer un moyen pratique pour distinguer les bonnes graines des mauvaises. En l'absence de toute donnée à cet égard, nous avons essayé d'obtenir un moyen d'appréciation par l'eau additionnée de sel marin. Ce mode d'expérimentation qui est employé pour certaines graines ne nous a donné aucun résultat pour celles de garance en raison de leur conformation particulière ; toutefois, nous pouvons fournir quelques indications à ce sujet, résultant d'intéressantes expériences faites par notre collègue M. Olivier sur le dosage en azote des graines de garance. Ces expériences prouveraient que la bonté de ces graines comme valeur germinative serait en rapport direct avec la quantité d'azote qu'elles contiennent, et par conséquent plus les graines seraient pourvues de cet élément, meilleures elles seraient.

Enfin de l'ensemble de tous les faits que nous avons énumérés, de toutes les observations et les enseignemens fournis par ces premières expériences on peut tirer cette conclusion : c'est que, étant donné d'une part l'abaissement du produit de nos terres à garances, d'autre part la nécessité de relever ces rendements à la hauteur de la situation nouvelle que crée à notre culture et à notre industrie garancière la concurrence de l'alizarine artificielle, il faut à tout prix améliorer, régénérer même complètement notre système de culture de la garance. Trois moyens à notre portée peuvent concourir à ce but : des graines de choix, les engrais chimiques appropriés à ce genre de culture, et l'amélioration des procédés d'arrachage des racines actuellement usités.

Par ces moyens, on pourra revenir aux rendemens élevés d'autrefois ; ils ne feront probablement plus aujourd'hui, comme il y a 40 ans, la fortune de notre pays, mais ils pourront nous permettre de conserver un genre de culture convenant à notre sol, essentiellement utile à nos assolements, et assurant du travail à un grand nombre de bras ; ils nous apporteront enfin un secours puissant pour soutenir la lutte qui nous est imposée par la découverte des produits nouveaux.

Mais ne l'oublions pas, Messieurs, les conclusions que nous venons de vous présenter, ne sont que les résultats de premières expériences, et ne peuvent avoir conséquemment qu'un degré relatif et non absolu de certitude. De plus les appréciations que nous exprimons à leur sujet, nous sont toutes personnelles à nous qui avons particulièrement dirigé et suivi le cours des expériences, et n'engagent en aucune façon la responsabilité de la Commission en général. Il faut donc que ces expériences soient répétées plusieurs fois pour qu'elles présentent une base solide et certaine d'appréciation, il faut que la sanction de nouvelles épreuves vienne justifier le mérite des résultats obtenus par nos premières tentatives.

Pour atteindre ce but nous croyons que de nouveaux

essais sont indispensables. Il serait urgent que le champ d'expériences actuel fut considérablement agrandi, afin que l'on pût répéter ou instituer dans la grande culture les expériences nécessaires pour suivre expérimentalement les idées qui découlent de notre travail et dont les conséquences peuvent devenir très importantes si les résultats futurs répondent à ceux déjà acquis.

Dans ceux de nos essais qui sont en partie terminés, notre plus grand désir a été d'obtenir soit de nos graines, soit de nos engrais les effets les plus divers sur le développement de la matière colorante. A l'avenir au contraire, tout en poursuivant constamment ces essais en quelque sorte théoriques, il faudra demander à la sanction pratique de la grande culture de nous faire connaître les avantages économiques de nos recherches au double point de vue du rendement en poids et de la valeur tinctoriale des racines.

Nous croyons donc devoir vous exposer quelles sont les expériences qui doivent être exécutées dans ces nouvelles conditions pour permettre d'arriver à la connaissance de ces résultats désirés.

Il y aurait : 1° à poursuivre l'étude déjà commencée depuis 2 ans de nos différentes combinaisons d'engrais chimiques.

2° A semer et cultiver à mesure qu'elles arriveront les diverses variétés de garance qui nous sont envoyées par Messieurs les consuls français à l'étranger.

3° A répéter sur une plus large échelle la culture des graines qui entre toutes donnent les meilleurs résultats en poids et en colorant, afin de pouvoir créer une nouvelle race sélectionnée plus apte que celles que nous possédons à influencer la somme de production de nos terres à garance.

4° Enfin, à mettre en pratique les résultats déjà obtenus dans notre jardin d'essai, relativement à la possibilité de rendre annuelle, au lieu de bis-annuelle, la culture de notre précieuse rubiacée.

Toutes ces expériences ont une importance capitale ; elles tendent toutes vers deux grands buts : régénération des graines, amélioration de la culture.

Nous vous avons rendu un compte exact de tout ce que nos faibles moyens nous ont permis d'exécuter ; nous venons de vous indiquer ce qui reste à faire. A vous maintenant, Messieurs, de voir quelle suite vous voulez donner à ces premiers essais dont les résultats ne sont pas sans valeur. Pour nous, nous serons amplement dédommagés de la peine que nous avons pu prendre, si les quelques jalons que nous avons placés dans la route aujourd'hui ouverte vers l'amélioration d'une des plus importantes de nos cultures, peuvent servir à éclairer la marche de ceux qui, entrant dans cette voie, voudront de leur côté se livrer à l'étude de cette question actuellement si grave pour notre pays.

Qu'il nous soit permis, avant de clore ce mémoire, de remercier la Chambre de Commerce d'Avignon, la Société d'Agriculture de Vaucluse, la Commission mixte de l'Alizarine et Messieurs les Souscripteurs, de la haute marque de confiance qu'ils nous ont donnée, en nous jugeant dignes de diriger et de surveiller les essais, et en particulier M. Jonathan Valabrègue, président de la Chambre de Commerce, dont la bienveillance constante nous a aidé et soutenu dans une tâche à l'accomplissement de laquelle, à défaut de mieux, nous avons du moins apporté tout notre dévoûment.

APPENDICE

LETTRES ET DOCUMENTS

ÉMANANT DE

MM. LES AMBASSADEURS ET CONSULS FRANÇAIS

A L'ÉTRANGER

relativement aux diverses variétés de

GARANCES

demandées à

M. LE MINISTRE DES AFFAIRES ÉTRANGÈRES DE FRANCE

PAR LA COMMISSION DES ESSAIS D'AVIGNON

Consulat de France à Charlestown.

Direction des Consulats et affaires commerciales, N° 5.

Charlestown le 13 février 1874.

Monsieur le Ministre, j'ai bien reçu la circulaire que votre Excellence m'a fait l'honneur de m'adresser à la date du 16 janvier dernier et par laquelle elle me demande un échantillon de la graine de garance, dite Walterii, qui se rencontrerait à la Caroline et à la Floride. Au reçu de votre circulaire, je me suis mis en devoir de rechercher la graine dont il s'agit. Il n'existe, dans cette contrée, aucune graine connue sous le nom de Walterii, donné dans la circulaire ; la seule plante dont le nom se rapproche de cette dénomination est le Waltheria-Americana, un arbrisseau qui pousse dans le Sud de la Floride ; la fleur en est jaune, aucune propriété colorante n'y est attribuée (voir : *Chapman Flora of the Southern United-States*). M. le docteur Peyre Porcher, auteur d'un ouvrage de botanique (*Medical Botany of the Southern-States,*) transmis au département en 1869, m'a informé qu'un grand nombre de plantes portaient comme affixe l'appellation Walteria, de Walter (grand-père maternel du docteur), qui le premier se livra à l'étude de la Flore au Sud des Etats-Unis.

Si, comme je le pense, la commission spéciale d'Agriculture du département de Vaucluse est en mesure de fournir des informations plus spéciales sur la garance Walterii, je m'empresserai, dès que je serai plus éclairé sur ce sujet, de rechercher pour les envoyer en France, les échantillons qu'elle me demande. Le docteur Porcher, qui serait, d'ailleurs, désireux d'obtenir des informations détaillées sur la garance connue en France sous le nom de Walterii, se trouverait ainsi à même de m'aider dans mes recherches qu'il s'est spontanément offert à seconder.

Le Sud des Etats-Unis produit différentes plantes aux propriétés colorantes :

Le Poke-Berry (*Phitolacca decandra*) à l'état frais donne une belle couleur rouge-cramoisi ; il se récolte dans le mois de septembre et coûte environ 75 centimes la livre. Cette graine perd considérablement de ses propriétés colorantes lorsqu'elle n'a plus sa fraîcheur ; on peut cependant la conserver en bon état, pour le voyage, au moyen d'un bain d'alcool.

La racine de Blood-Root ou Indian-point, (*Sanguinaria canadensis*) dont j'ai l'honneur d'envoyer, en annexe, un échantillon à votre Excellence, se récolte au mois d'août et coûte de 1 fr. 50 c. à 2 fr. la livre. Bien que se conservant plus longtemps fraîche que le Poke-berry, cette racine devrait aussi être préparée au bain d'alcool pour l'exportation.

Veuillez agréer, etc.

A. TRUY.

Consulat de France à Lisbonne.

Annexe à la dépêche commerciale N° 157.

Madère le 16 mars 1874.

Monsieur,

J'ai l'honneur de vous accuser réception de votre lettre du 28 février dernier, sous les plis de laquelle se trouvait une copie de la circulaire de S. Exc. M. le Ministre des affaires étrangères, au sujet de la Garance.

Je me suis empressé de prendre des renseignements sur cette plante, et voici ceux que j'ai pu obtenir de bonne source : La Garance (*rubia angustifolia*) croît, spontanément. à l'état sauvage, sur les montagnes de Madère, et de préférence dans les lieux un peu humides.

Elle est connue ici sous les noms de « Ruiva » et « Ruivinia » (prononcez *rouiva, rouivinia*) ; elle n'a jamais été cultivée dans l'île, et par conséquent on ne songe même pas à en récolter la graine qui mûrit en juin et juillet. Les paysans seuls se servent de ses racines pour teindre. sur une petite échelle, des étoffes de bure fabriquées par eux, dont ils se servent pour vêtements, après les avoir bariolés selon leurs goûts ; les couleurs dominantes étant le rouge, le jaune, le bleu, le violet, le noir, etc.

Ne pouvant pas trouver de graines, j'ai envoyé cueillir sur les montagnes quelques racines de garance et, à tout hasard. je vous les envoie bien conditionnées en une petite caisse.

Je crois qu'il conviendra de faire suivre au plus tôt ces racines en France. afin qu'elles y soient mises de suite en terre maigre et légère, où il est probable qu'elles réussiront, en attendant que je puisse obtenir des graines.

Veuillez, etc.

C. BLAIZE.

Consulat de France à Rio de Janeiro.

Direction des consulats et affaires commerciales, N° 125.
Réponse à la circulaire du 16 janvier 1874.

Rio de Janeiro le 21 mars 1874.

Monsieur le Ministre,

J'ai reçu la circulaire du 16 janvier dernier que Votre Excellence m'a fait l'honneur de m'adresser au sujet de la culture de la Garance en France et des moyens à trouver pour rendre à cette branche de notre industrie les avantages que lui a fait perdre la découverte de nouvelles matières tinctoriales tirées du goudron, et connues sous le nom d'*alizarines artificielles*.

Au reçu de cette circulaire, je me suis informé auprès de M. Glasion, membre de la Société d'acclimatation et Directeur des Jardins publics de Rio, si les diverses espèces de garance indiquées dans la circulaire existaient dans la province de Rio de Janeiro ; ce savant m'a répondu qu'il n'en connaissait aucune. J'ai écrit aux agents consulaires de mon arrondissement en les priant de s'informer si cette plante était connue dans leur localité, et tous m'ont dejà répondu négativement. Enfin, j'ai voulu savoir si elle était employée par les teinturiers de Rio, et j'ai appris par plusieurs d'entre eux que cette matière colorante n'était nullemeut employée dans les ateliers de teinture.

Veuillez agréer, etc.

ALFRED DE VALORI.

Consulat général de France en Syrie.

Direction des consulats et affaires commerciales. N° 15.
Réponse à la circulaire de la culture de la Garance.

Beyrouth le 23 mars 1874.

Monsieur le Duc,

J'ai reçu la circulaire que votre Excellence m'a fait l'honneur de m'envoyer le 16 janvier dernier pour me demander des renseignements sur la culture de la garance dans ma circonscription consulaire.

Je me suis adressé immédiatement aux agences qui relèvent de ce consulat général, pour avoir des informations précises à cet égard, en même temps que je me procurais des données sur le même objet auprès des cultivateurs de la plaine de Beyrouth.

Toutes ces recherches n'ont abouti à aucun résultat ; dans le rayon immédiat de Beyrouth comme dans les circonscriptions de Caiffa, d'Acre, de Sayda et de Lattaquié, la culture de l'alizari est absolument inconnue. Dans ces mêmes localités, on ignore également l'existence de toutes autres plantes ou racines tinctoriales, et l'on n'emploie que les alizaris de Damas, *rubia tinctorum*, pour les rares industrie où la cochenille ne trouve pas accès, à cause de son prix trop élevé.

Quant à l'arrondissement de Tripoli, je crois devoir envoyer ci-joint à votre Excellence la copie du rapport que je viens de recevoir de M. Blanche.

Je suis avec un profond respect, etc.

ROUSTAN.

A Son Excellence M. le duc Decazes, ministre des affaires étrangères.

Consulat général de France en Syrie.

Tripoli de Syrie le 27 février 1874.

Monsieur le Consul général,

J'ai l'honneur d'accuser réception à votre lettre circulaire du 16 courant, relative à une demande de renseignements sur la culture de la garance.

Cette plante n'est pas cultivée à Tripoli, ni en aucun point de la province. Les alizaris qui s'exportent de notre échelle viennent des environs de Homs et de Hama, dans l'intérieur. L'espèce cultivée est la *Rubia tinctorum*, connue en France. On m'assure cependant, qu'outre cette espèce, les habitants en recueillent une autre qui croît sans culture spontanément dans la campagne, et que cet alizari sauvage serait même supérieur en qualité à l'espèce cultivée. Je n'ai aucun moyen de m'assurer de la vérité de ce fait, et je ne le rapporte que sous toute réserve.

La *rubia tinctorum* existe également à Damas, soit cultivée, soit spontanée. J'en ai en herbier des exemplaires de cette rubiacée.

Quant aux espèces sauvages et non cultivées qui croissent aux environs de Tripoli, je n'en connais que deux. L'une est connue en botannique sous le nom de *rubia brachypoda Boiss*. Elle abonde dans toutes les haies. Ce n'est peut-être qu'une variété sarmenteuse de l'espèce vulgaire appelée *rubia peregrina*. L'autre est la *rubia ancheri Boiss* qui ne croît que dans le Mont-Liban à une altitude d'au moins 1000 mètres. Ce doit être l'espèce mentionnée dans la circulaire ministérielle. C'est une plante d'été assez peu répandue et dont il serait difficile de se procurer la semence en abondance. Il y a quelques années dans un séjour que je fis à la montagne, j'en re-

cueillis à grand peine une vingtaine de graines que je
partageai entre mon herbier et le Museum. En choisissant
bien la saison et en se livrant à des recherches spéciales,
on parviendrait peut-être à réunir une quantité suffisante
de semence pour des essais de propagation en France.
Mais de toute façon, ce n'est pas une plante qui se trouve
à volonté et à discrétion sous la main et je me trouve à
mon grand regret, Monsieur le Consul général, dans l'impossibilité de me procurer l'échantillon désiré.

Je suis, etc., etc.

BLANCHE.

Consulat de France aux Indes Néerlandaises.

Direction des consulats et affaires commerciales, N° 10.

Batavia le 28 mars 1874.

Monsieur le Ministre,

Votre Excellence m'a fait l'honneur dans sa lettre en
date du 16 janvier dernier, de me demander des graines
de la plante *rubia jaranica* destinées à des essais d'acclimatation en France.

Je me suis adressé à cet effet au gouvernement des
Indes Néerlandaises, et en me rendant à Binterzerg ces
jours derniers, je me suis assuré que le Consulat serait
prochainement à même de répondre à cette demande.
J'espère être en mesure de le faire par le prochain
courrier.

Veuillez agréer, etc.

(Signature illisible.)

Ambassade de France en Russie.

Direction des consulats et affaires commerciales, N° 4.
Garance cordifolia.

Saint-Pétersbourg le 1er avril 1874.

Monsieur le Duc,

Par dépêche en date du 16 janvier sous la rubrique : direction des consulats, votre Excellence, m'informant de la situation critique où se trouve la culture de la garance par suite de la découverte de nouvelles matières tinctoriales connues sous le nom d'*alizarines artificielles*, et voulant venir en aide à la Société d'agriculture du département de Vaucluse qui a entrepris, par la culture d'autres espèces du genre *rubia*, de rechercher si quelques-unes de ces variétés même sauvages, existant en pays étrangers, ne renfermaient pas des principes colorants plus riches que ceux des deux seules espèces cultivées en France, m'a demandé de lui envoyer un ou deux kilogrammes de graines de la garance à feuilles en cœur, *rubia cordifolia*, qui se rencontre en Sibérie.

J'ai le regret de vous annoncer que je n'ai pu me procurer de ces graines. C'est vainement que je me suis adressé aux divers grainetiers de St-Pétersbourg et de Moscou, aucun d'eux ne connaît cette plante, qui évidemment reste à l'état sauvage et ne se cultive nulle part en Russie. Mes recherches n'ont pas été plus heureuses au Jardin Botanique de Pétersbourg, l'un des plus magnifiques établissements qui existent en Europe. J'ai cependant découvert un spécimen desséché de la *rubia cordifolia*, avec une note indiquant sa provenance : Cap Olga, près du Delta de l'Amour ; et alors j'ai prié le Directeur de l'établissement de vouloir bien écrire à l'un de ses correspondants de Sibérie et le prier de recueillir, cet été, quelques graines de cette plante que je m'empresserai de vous adresser dès que je les aurai reçues.

Veuillez agréer, etc.

Général LEFLO.

Consulat de France à Bahia.

Direction des consulats et affaires commerciales, N° 6.
Accusé de réception de la circulaire du 16 janvier 1874.

Bahia le 4 avril 1874.

Monsieur le Ministre,

J'ai reçu la circulaire que Votre Excellence m'a fait l'honneur de m'adresser le 16 janvier dernier, pour me demander comme échantillon un kilogramme ou deux de graines de garance sauvage existant au Brésil.

Je me suis adressé à cet effet au Directeur de l'Institut agricole de la province, M. Brunet, et je ne manquerai pas de faire parvenir à Votre Excellence, aussitôt que je les aurai reçus, les divers échantillons de graines dont il s'agit, ainsi que les renseignements propres à en faciliter les tentatives de culture.

Agréez, etc.

DE SAINT-SAUVEUR.

Consulat de France à Tauris.

Direction des consulats et affaires commerciales.

Tauris le 20 avril 1874.

Monsieur le Ministre,

L'Azerbaïdjan produit dans presque toutes ses parties de la garance, mais ce sont surtout les districts de Maragha, Dékarghan, Ourmiah, situés autour du lac de ce nom, où cette culture est le plus développée. Le terrain par sa fertilité et la profondeur de la couche végétale offrant les conditions les plus favorables pour cette plante.

D'après les renseignements que j'ai pu me procurer tant à Tauris, où cette culture n'a aucune importance et se borne à quelques plantations fort restreintes dans des jardins, mais qui est le principal marché pour les garances de la Province, qu'à Ourmiah un des centres de production les plus importants, une seule espèce est connue et cultivée dans ces contrées.

Malgré toutes mes recherches il m'a été impossible de déterminer à quelle variété appartient cette garance. La difficulté d'obtenir des renseignements précis, le manque de livres de botanique pouvant indiquer les caractères qui distinguent les variétés dites *Albicolis* et *Pauciflora*, et l'absence d'une personne assez versée dans cette science pour me renseigner à cet égard, ne me permettent pas de savoir si elle appartient à l'une de ces variétés.

Néanmoins, comme la variété cultivée ici pourrait offrir quelque intérêt à être étudiée, j'ai l'honneur de transmettre à votre Excellence, deux ou trois kilogrammes de graines provenant d'Ourmiah. Je n'ai pas cru inutile d'y joindre quelques racines de la même provenance; elles permettront de se rendre compte de sa richesse en principes colorants. L'échantillon ci-joint provient d'une garance de trois ans.

On trouve également sur le marché de Tauris une deuxième espèce de garance provenant de Jezd. La racine peu colorée est ici moins appréciée que celle de l'Azerbaïdjan et son prix toujours inférieur. La garance du pays vaut actuellement six *Kraus* (1) le *Batman* (2), tandis que celle de Jezd ne se vend que trois. J'ai fait écrire dans cette ville pour avoir des graines que j'aurai l'honneur de transmettre à Votre Excellence, sitôt qu'elles me parvien-

(1) Le *Kraus* vaut de f. 1,16 à 1,20.

(2) Le *Batman* vaut 5 kilos 580 gr.

dront. Dès aujourd'hui je joins à mon envoi un échantillon des racines.

D'après ce que m'affirment des négociants, les garances du Caucase, surtout celle de Derbend, seraient plus appréciées que celle de Perse et obtiennent toujours sur les marchés russes un prix supérieur. Il m'eût été facile de me procurer des graines et des échantillons ; je n'ai pas cru devoir le faire, ces pays se trouvant en dehors de la circonscription de ce consulat, mais je ne pense pas inutile de signaler ce fait à Votre Excellence.

Sauf l'irrigation, sans laquelle dans ces climats toute culture est impossible, la manière de cultiver la garance usitée dans ces contrées ne me paraît point différer essentiellement de celle employée en France. Voici, d'après ce que l'on m'écrit d'Ourmiah, le système en usage.

Après avoir préparé convenablement le terrain, on le divise en plate-bandes de 1 mètre à 1 m. 25 c. de largeur et sur la plus grande longueur possible, suivant la configuration du terrain et la pente nécessaire pour l'arrosage. Chaque côté de la plate-bande est garni d'un bâtardeau pour maintenir l'eau. A l'automne de la première année, on recouvre la plante de terre ; on creuse à cet effet de chaque côté de la plate-bande un petit fossé dont le déblai est rejeté sur la plate-bande même. Le fossé est utilisé pour l'irrigation. La même opération se renouvelle chaque automne après avoir recueilli la graine et fauché la plante.

Généralement ici, on n'arrache la garance qu'après 4 ou 5 ans et quelquefois même 6 ans. Les personnes pressées d'avoir un revenu ne la laissent que 3 ans ; elle donne alors, m'assure-t-on, un rendement bien moindre.

La garance se rencontre aussi dans ces contrées à l'état sauvage, soit dans les vignes, soit dans les terrains incultes. On m'assure que, tant pour la plante que pour la racine, elle ne diffère en rien de celle cultivée et se vend aussi cher.

Dès que la saison le permettra, j'aurai soin de faire recueillir des graines, autant que possible loin des terrains cultivés, pour être bien certain que ces plantes regardées comme sauvages ne proviennent pas de graines apportées soit par le vent, soit par l'irrigation des plantations voisines.

Les renseignements que j'ai pu me procurer jusqu'à présent, Monsieur le Ministre, sont bien incomplets; mais comprenant tout l'intérêt que présente cette question pour l'avenir d'une industrie agricole qui était une source de richesse pour plusieurs de nos départements, je mettrai le plus grand soin à continuer des recherches, toujours lentes et difficiles dans ce pays, et je ne manquerai pas de transmettre à Votre Excellence, tous les renseignements qui me paraîtront de nature à offrir quelque intérêt.

Veuillez agréer, etc.

Emile de SAIZIEU.

A Son Excellence M. le duc Decazes, Ministre secrétaire d'Etat au département des affaires étrangères.

Légation de France au Pérou.

Direction des consulats et affaires commerciales, N° 4.
Réponse à une demande d'envoi de graines de garance.

Lima le 5 mai 1874.

Monsieur le Duc,

En réponse à la circulaire de Votre Excellence du 14 janvier dernier, sous le timbre de la Direction des Consulats et affaires Commerciales, relativement à une demande d'envoi de graines de garance, j'ai le regret de l'informer qu'il ne m'est pas possible de satisfaire à son désir.

Ce n'est pas d'ailleurs que la garance n'existe pas au Pérou ; il y en a au contraire de différentes espèces, mais aucune n'est cultivée, et cette plante ne se rencontre que dans des endroits du territoire où il est bien difficile de s'en procurer, si l'on tient compte des conditions du pays.

Vous connaissez assez l'intérieur du Pérou, m'écrit à ce sujet le savant Raimondi qui a parcouru le pays dans tous les sens et auquel je m'étais adressé, pour vous faire une idée des difficultés que cela présente, soit à cause du manque d'habitants, soit à défaut de personnes ayant assez de connaissances en histoire naturelle, que l'on en pourrait charger ; si vous tenez compte surtout que dans l'intérieur, personne ne connaît le nom botanique de ces plantes, ni celui de garance que l'on donne en France à l'espèce cultivée.

Il est vrai que dans la province de Carabaya dans le département de Puno, j'ai vu les indigènes employer une espèce de garance *(rubia gallium)* sous le nom vulgaire de Chapi et qu'ils s'en servaient pour teindre leurs tissus ; mais comment obtenir des graines à une si grande distance, quand en voyageant moi-même avec mille difficultés dans cette région, j'ai pu à peine me procurer quelques plantes pour mon herbier ?

Ici même, aux environs de Lima, il croît spontanément une espèce de garance *(rubia ovalis. D. C.),* mais j'aurais moi-même bien de la peine à en rencontrer un échantillon. Du reste cette espèce ne pourrait point servir pour le but que vous m'indiquez, car elle ne contient presque pas de matière colorante et ne pourrait jamais croître en plein air en Europe.

Ces raisons m'ont paru concluantes, Monsieur le Duc, et j'ai cru ne pouvoir mieux faire que de vous en faire juge.

Si toutefois dans la suite une occasion se présentait

de satisfaire à votre demande, je ne manquerais certainement pas de réaliser votre désir.

Veuillez agréer, etc.

BERLIER.

A Son Excellence M. le Duc Decazes, ministre des affaires étrangères.

Légation de France à Santiago, Chili.

Annexe à la dépêche adressée à la Direction des consulats et affaires commerciales sous le N° 20.

TRADUCTION.

Société Nationale d'agriculture. Chili.
N° 71.

Santiago le 8 mai 1874.

Monsieur,

J'ai l'honneur de remettre à V. S. deux échantillons de la plante tinctoriale connue ici sous le nom vulgaire de *relbum* et que M. Gay a demandée sous le nom de *gallium relbum*.

V. S. trouvera ci-joint le rapport présenté par M. Cox, et qui, je crois, donnera à V. S. assez de renseignements au sujet de cette plante utile.

Pour ne pas retarder plus longtemps la réponse à l'estimable note de V. S., je ne lui remets pas dès à présent des semences ou des plants, mais j'espère pouvoir le faire très prochainement.

Veuillez agréer, V. S.

Derningo BEZANILLA.

A Monsieur le Vicomte Brenier de Montmorand, ministre plénipotentiaire de France, à Santiago.

Note de M. Cox.

TRADUCTION.

Société Nationale d'Agriculture.

Santiago le 6 mai 1874.

Monsieur le Président,

Par une note en date du 7 avril dernier, M. le Ministre plénipotentiaire de France au Chili s'est adressé à vous, demandant des informations sur les diverses espèces de garances cultivées et à l'état sauvage dans ce pays, les terrains dans lesquels elles se trouvent, et s'il était possible de lui procurer des spécimens de ces plantes. Chargé de donner des informations au sujet de la demande de M. le Ministre de France et de procurer les plantes dont il est question, je viens remplir ma commission en vous prévenant que si j'ai tardé à le faire jusqu'ici, c'est parce que j'ai envoyé exprès un homme à la Cordillère et que celui-ci vient tout récemment de m'apporter deux échantillons de deux variétés seulement des plantes demandées, et que je vous remets.

Dans ce pays on ne cultive aucune plante tinctoriale des diverses espèces qui s'y trouvent à l'état sauvage et qui cependant conviennent parfaitement pour la teinture. Pour teindre en rouge, on se sert de diverses plantes toutes connues sous le nom de *relbum*, en leur donnant les dénominations de relbum fin, relbum des bois, relbum de la Cordillère, bien qu'elles soient de différentes familles et de différentes variétés de l'espèce à laquelle elles appartiennent.

Voici leur dénomination suivant le traité de botanique de M. Gay, édition de Paris 1849.

Le relbum fin, dont ci-joint quelques échantillons, est le *gallium relbum*, n° 17 des rubiacées chiliennes, qui se trouve dans les lieux humides, joint à d'autres plantes sur toute l'extension du territoire jusqu'à Aconcagua, en se rapprochant de la Cordillère. C'est une plante qui est facile à cultiver, c'est celle qui donne la meilleure couleur et c'est pour cela qu'on l'appelle *relbum fin*. Un autre variété que je vous envoie également est le *gallium chilense*, nᵒ 5 de la même famille des rubiacées. On la rencontre dans la même extension du territoire, dans les parages d'une certaine élévation vers les Cordillères comme l'autre relbum, mais dans des terrains moins humides; on l'appelle *relbum des monte* (relbum des bois, relbum de la Cordillère). On en connaît deux espèces, de la famille des *escrofularineas*, le *calceolaria arachoides* nº 32 et le *calceolaria cana* nº 33, que je suppose être les garances que dans la note de M. le Ministre plénipotentiaire sont dénommées *scabra et incana*. Ces deux plantes servent comme garances. On les trouve sur les hauteurs arides de la Cordillère et dans les mêmes latitudes que les autres relbum; cependant les calceolarias se trouvent dans nos jardins et dans ceux d'Europe.

Je n'ai pu avoir des échantillons de ces deux classes de *relbum*, non parce qu'elles sont très rares, ni peu abondantes, mais parce que la personne chargée de les recueillir ne les connaît pas.

J'espère que par ce qui précède et qui est le produit d'une courte expérience pratique et des indications de M. Frédéric Leybold et du traité de botanique de Gay, on sera à même de satisfaire aux désirs de M. le Ministre plénipotentiaire de France qui pourra rendre compte à son gouvernement sur la demande qu'il lui a adressée.

Je suis, etc.

NATHAN MIERS COX.

Membre du directoire de la société nationale d'agriculture.

Santiago, le 8 mai 1874.

Pour copie conforme,
GONZALES UGALDE.

A Monsieur le Président de la société nationale d'agriculture, à Santiago.

Vice-consulat de France à Ste-Croix-de-Ténériffe.

RENSEIGNEMENTS SUR LA GARANCE
DES ILES CANARIES

En recevant, le 16 janvier de cette année, la dépêche de M. le Ministre des affaires étrangères qui m'invitait à remettre à son département un kilogramme ou deux de graines de la garance qui croît spontanément en ces îles, et d'accompagner cet envoi des renseignements propres à faciliter les tentatives de culture de cette espèce, je pris de suite les mesures opportunes pour satisfaire à la demande qui m'était faite, mais je ne me dissimulais pas les difficultés que je devais rencontrer pour me procurer une quantité suffisante de semences.

En effet, m'étant adressé au seul agriculteur-botaniste de Ténériffe qui pouvait m'aider à remplir ma commission (M. Herman Wildpret, jardinier en chef à l'établissement d'acclimatation d'Orotava), je le chargeai de faire recueillir au printemps le plus de graines de garance sauvage qu'on pourrait rencontrer, et ce n'a été qu'à grand peine qu'il a pu faire ramasser, sous ses yeux, le petit paquet de semences que j'envoie.

La garance de ces îles (*rubia fruticosa jacq*) a été décrite en 1835 dans la flore que nous avons publiée M. Webb et moi, (*Histoire naturelle des Iles Canaries*, tom. 3, 2ᵐᵉ partie, photog. Can.) C'est une plante sauvage connue des gens de la campagne sous son ancien nom *Guanche d'Asayga* ou *Tusayga*. Elle croît spontanément sous forme de petit buisson ligneux, sur les côteaux maritimes, dans les terrains vagues et sur les bords des ravins, mais seulement de loin en loin, jusque près de la lisière des bois.

On comprendra facilement que sur un sol aussi tourmenté que celui de ces îles volcaniques, il faut herboriser des journées entières parmi des escarpements, souvent infranchissables, pour rencontrer quelques-uns de ces petits arbustes qui ne donnent que fort peu de graines, attendu qu'ils ne portent que des fleurs à ovaire bi-loculaire, ne contenant le plus souvent qu'une seule semence.

Je pense que l'acclimatation de cette plante peut être tentée avec avantage dans nos départements du midi de la France. Car la culture du *rubia tinctorum*, espèce analogue au *rubia fruticosa*, a non-seulement réussi dans le département de Vaucluse, mais a prévalu même en Flandre et en Alsace. Les garances cultivées peuvent en général braver les effets du climat et de la température et il suffit, comme on sait, de les couvrir de terre en hiver pour les préserver des gelées.

La garance des Canaries croît naturellement parmi les Tiephorbes ; on la rencontre aussi quelquefois au bord des chemins où elle semble rechercher les lieux que l'humidité pénètre. Ainsi, le sol poreux, léger et bien fumé des terres fraîches devrait lui convenir.

Dans l'introduction d'une nouvelle plante sur notre sol, je n'ignore pas qu'il faut lutter souvent contre de grandes difficultés avant de pouvoir l'amener à la rusticité nécessaire ; mais espérons qu'il n'en sera pas ainsi avec notre espèce canarienne.

Lorsque Althen, le Persan, commença en 1747, ses premiers essais de culture de la garance dans le Comtat d'Avignon, il procéda d'abord avec la *rubia peregrina*, notre espèce indigène, la véritable garance des Gaules. Pourtant les premiers essais d'Althen furent infructueux et ce fut du Levant qu'il fit venir des graines pour ses nouveaux semis. Ces graines étrangères étaient celles de la *rubia tinctorum* dont la réussite eut un plein succès.

La garance qu'on cultive en France est par conséquent une espèce exotique introduite sur notre sol et dont les produits ont répondu pendant plus d'un siècle aux besoins de notre industrie teinturière. Les caractères de ressemblance qui existent entre la garance du Levant et celle des Canaries, l'analogie du climat des deux contrées sont des circonstances de bon augure pour les essais qu'on va tenter.

Malheureusement, les *alizarines artificielles* qu'on obtient aujourd'hui par les procédés chimiques et qu'on peut se procurer à bas prix, sont employées de préférence et font au produit végétal une concurrence fâcheuse. Toutefois, je ne suis pas éloigné de croire que la *rubia fruticosa* ne puisse lutter plus avantageusement avec les alizarines, si je ne m'en rapporte du moins aux observations que j'ai pu faire dans le temps sur le rapide développement de l'aubier, dans l'espèce canarienne. Or, c'est de l'aubier, c'est-à-dire de la partie vive et ligneuse de la plante, surtout de ses racines, qu'on extrait la matière colorante. Des essais de culture bien dirigés peuvent résoudre cette question importante dés la seconde année des semis, car à cette époque les racines de la plante seront déjà assez développées pour en retirer leur produit.

Un souvenir d'une cinquantaine d'années me revient à la pensée en terminant ces renseignements : Quand je commençais mes herborisations dans ces îles, je remarquais une coloration en rouge assez fortement prononcée sur les os des lapins sauvages tués dans certains districts de Ténériffe alors incultes. Ce phénomène étudié plus tard par des savants de notre Institut de France, Messieurs Flourens et Decaisne, était dù évidemment à l'alimentation des lapins dans les terres vagues où croissaient alors plus abondamment les plantes d'Asayga.

Je serais heureux d'avoir pu contribuer par l'envoi du petit paquet de graines, dont j'accompagne cette courte notice, à la régénération d'une culture que la Chambre de Commerce et la Société agronomique du département de Vaucluse sont si intéressés de voir prospérer.

Ste-Croix de Ténériffe, 26 mai 1874.

Le Consul de France.

J. BERTHELOT.

Consulat de France à Tauris.

Direction des consulats et affaires commerciales.

Tauris le 9 juin 1874.

Monsieur le Ministre,

J'ai eu l'honneur de transmettre à Votre Excellence, le 30 du mois d'avril dernier, avec les renseignements que j'ai pu me procurer sur la culture de la Garance dans l'Azerbaïdjan, une certaine quantité de graines de la variété cultivée dans cette province, ainsi que deux échantillons de racines, provenant le premier d'Ourmiah, le second de Jezd.

Depuis cette époque, j'ai reçu deux échantillons de racines de garance sauvage ; elle provient d'Ourmiah où, m'assure-t-on, elle se trouve en abondance, tant dans les terrains incultes que dans les champs cultivés qu'elle envahit, malgré le soin que mettent les cultivateurs à l'arracher chaque année, cette racine étant, paraît-il, fort nuisible aux autres cultures.

L'échantillon N° 1 a été recueilli dans un terrain depuis longues années en friche ; le N° 2 provient d'un terrain cultivé chaque année.

La circulaire de Votre Excellence en date du 16 janvier dernier appelant mon attention sur les espèces sauvages dont l'étude paraît présenter un intérêt tout particulier, je n'ai pas cru inutile, Monsieur le Ministre, de vous transmettre ces échantillons. L'analyse permettra sans doute de déterminer si cette espèce est plus riche en principes colorants que les variétés cultivées.

Dès que la saison le permettra, j'aurai soin de faire récolter des graines que je m'empresserai de faire parvenir au Département.

Veuillez, etc.

DE SAIZIEU.

A Monsieur le Ministre des affaires étrangères.

Ministère des Affaires étrangères.

Direction des consulats et affaires commerciales.

Monsieur le Préfet, pour faire suite à mes précédents envois, j'ai l'honneur de vous adresser un flacon contenant des graines de la variété de garance dite *gallium chilense*, ainsi que quelques fragments de la racine de cette rubiacée.

Le Consul de France à Valparaiso, qui vient de me faire parvenir ces échantillons, les doit à l'obligeance d'un horticulteur français, M. Abadié, qui habite le Chili depuis de longues années. M. Abadié a eu soin de mélanger les graines avec du sable, afin d'en assurer la conservation, mais il serait cependant indispensable qu'elles fussent semées, aussitôt leur arrivée, dans un terrain humide.

La graine *gallium chilense* croît à l'état sauvage au Chili, mais on ne l'y trouve qu'en petite quantité.

Le Consul chargé du consulat de France à Quito m'informe de son côté que, grâce aux bons offices du gouvernement équatorien, il espère être prochainement en mesure de m'expédier des graines des trois variétés de garances spéciales au pays de sa résidence.

Je vous prie, Monsieur le Préfet, de vouloir bien transmettre ces renseignements et les échantillons qui accompagnent la présente communication à la commission à laquelle ils sont destinés.

Recevez, Monsieur le Préfet, les assurances de ma considération la plus distinguée.

Pour le Ministre et par autorisation,
Le Directeur des Consulats et affaires commerciales.

MEURAND.

A Monsieur le Préfet de Vaucluse, à Avignon.

Consulat de France à Damas.

Damas le 24 août 1874.

Monsieur le Duc,

J'ai reçu la lettre que V. E. m'a fait l'honneur de m'adresser sous le N° 137 et le timbre de la Direction des consulats et affaires commerciales.

La garance est à Damas et sur d'autres points de la Syrie l'objet d'une culture assez étendue ; mais, malgré les recherches les plus minutieuses, je n'ai pu rencontrer nulle part les variétés dites *Aucherii* et *Brachypoda* signalées par la Chambre de Commerce d'Avignon, comme pouvant être introduites utilement en France.

Je crois toutefois, Monsieur le Duc, devoir envoyer à V. E. deux échantillons de garances les plus estimées parmi celles que produit la Syrie. Elles proviennent des districts de Jabroud et de la plaine de Damas.

La garance de Damas (échantillon N° 1) qui est tout à fait supérieure, ne s'exporte pas ; elle alimente les teintureries du pays. La production d'ailleurs ne dépasse pas annuellement 100,000 kilogrammes de racines séchées ; on la cultive dans les jardins qui entourent la ville et où l'abondance des eaux permet de multiplier les irrigations. C'est à Nebek, dans le district de Jabroud, que se trouvent les cultures d'alizaris les plus étendues de la Syrie. Antérieurement à l'invention des alizarines artificielles, la production dépassait 900,000 kilogrammes qui s'exportaient pour l'Angleterre et les Etats-Unis d'Amérique.

Dans ces dernières années, ces chiffres ont diminué des deux tiers et les paysans semblent disposés à renoncer à un produit qu'ils ne trouvent plus à écouler. A Nebek comme à Damas, les garances sont généralement arrachées au bout de 3 ans, rarement on attend au delà.

Agréez, etc.

GUYS.

Vice-consulat de France à Porto.

Direction des consulats et affaires commerciales, N° 6.
Envoi de deux échantillons de racines de garance.

Porto le 10 septembre 1874.

Monsieur le Ministre,

J'ai reçu le 15 février dernier, la circulaire de votre Excellence, relative à l'envoi de graines de garance, mais ce n'est qu'aujourd'hui seulement que je me vois, malgré tous mes efforts, en mesure d'avoir l'honneur de lui présenter un travail quelque peu digne de son attention.

La raison de ce long retard, c'est en premier lieu, que j'ai dû mettre à contribution la complaisance de gens d'autant plus occupés qu'ils ont plus de savoir ; c'est ensuite que j'avais à cœur d'envoyer au département non-seulement les notes qui suivent, qui sont d'une rigoureuse exactitude, mais encore les échantillons demandés et que, pour obtenir ce dernier résultat, il m'a fallu attendre l'époque de la floraison des rubiacées indigènes, qui, d'après la flore la plus autorisée du Portugal, n'a lieu que dans le mois d'août. J'ai d'abord fait appel aux médecins et spécialement aux botanistes, nés dans le pays ou qui l'habitent depuis longtemps. Tous m'ont prêté un concours empressé et la présente étude est le fruit des observations qu'ils ont bien voulu me communiquer.

Malheureusement il manque à ce travail un point essentiel pour compléter les éléments d'appréciation de la Commission, c'est la graine de *rubia tinctorum* portugais que j'espérais pouvoir transmettre à votre Excellence. Le premier septembre venu, ces Messieurs m'ont confessé : 1° que le *rubia tinctorum*, proprement dit, n'est pas un produit du Portugal, 2° que les rubiacées, reconnues indigènes, ne croissent pas dans la province de Porto. Seul le docteur Osorio, qui a été décoré de la Légion d'honneur lors de l'exposition de 1865, m'a procuré les deux spécimens d'alizaris que j'ai l'honneur d'adresser à votre Excellence ; l'un représenterait des racines de ce que l'on regarde comme le vrai *rubia tinctorum,* l'autre des racines de *crucianella* maritime, qui pousse spontanément sur la côte, aux environs de cette ville et qu'on appelle *rubia du commerce.*

Rubia tinctorum.

Dans sa flore du Portugal, *Brotero* décrit ainsi le *rubia tinctorum :*

« *Foliis annuis, quinis senisque, lanceolatis, margine et « carina asperrimis : caule aculeato, annuo, ad radicem su- « praque quadrangula.* »

Il affirme que cette plante herbacée est cultivée en Portugal : « *A Lusitanis quoque, etsi minus colitur.* »

Et plus loin : « *Radix in Lusitania annos per multos « perennat, folia vero cum caule quotannis pereunt. Variat « foliis in eodem caule senis, quinis quaternisque. Flores non- « nulli etiam pentantheri, corolla quinque partita :* » Seulement il n'indique pas dans quelle partie du Portugal on peut rencontrer le *rubia tinctorum.*

Malgré le respect qu'on professe pour Brotero, tous les naturalistes du pays déclarent à l'unanimité que le véritable *rubia tinctorum* n'est pas cultivé en Portugal. La preuve, c'est que les deux pieds du *rubia tinctorum* constatés ici par le docteur Osorio et visibles pour tout le monde au jardin botanique de Porto, sont classés dans la famille des rubiacées exotiques, avec le *café*, l'*ipécacuana* et le *quinquina.*

Comme principe colorant, l'emploi du rubia tinctorum, paraît être très limité, (à peu près, d'après M. Osorio, de 300 kilos par an), attendu qu'il faut la faire venir de l'étranger et qu'on le remplace assez avantageusement dans la teinturerie locale par le *sandal* rouge *(sandales vermelhos).* Encore le docteur Osorio a-t-il des doutes sur l'identité de ce rubia tinctorum, employé par l'industrie

Portuense et il incline à croire que, sous le nom collectif de *Ganza*, ses compatriotes vendent et utilisent de préférence, vu le bon marché, les alizaris des rubiacées indigènes, surtout de la *crucianelle*.

Rubia sylvestris ou *splendens*.

Le représentant à l'état sauvage, du moins en Portugal, du rubia tinctorum serait, selon le savant botaniste Schmitz, le rubia *peregrina*, que Linné a dépeint sous le nom de *splendens* et que Brotero définit, sous le nom de *sylvestris*, de la manière suivante :

« *Foliis perennantibus, lanceolatis, senis, quaternisque,*
« *margine et carina asperrimis, sursum lucidis atque costa*
« *longitudinali sublevi: caule trienni et ultra, aculeato, ad*
« *radicem tereti.* »

Cette plante, en portugais *granza brava*, garance sauvage, croît abondamment en Portugal, dans les provinces méridionales. Pour ne citer que des contrées familières à M. Schmitz, celles qu'il habite, les deux Beira spécialement de Coimbre à Castel-branco, ont la plupart de leurs pâturages ou paluds infestés de ces rubiacées.

C'est surtout dans les terrains d'alluvion qui entourent Figueira que le rubia sylvestris se développe et se multiplie avec le plus de force et de rapidité.

Rubia angustifolia (Linné).

Voici la description que Brotero fait de l'*angustifolia* :
« *Foliis perennantibus, linearibus, quaternis quinisque, supra*
« *in nervo longitudinali, margine et carina scabris. Hab. inter*
« *cabro de Espichel et Cezimbra atque in Algarbiis. Flor.*
« *æstate.* »

Il est probable que cette variété de garance est aussi une production de l'île de Madère. Ce qui est certain, c'est qu'elle naît d'elle-même en Portugal. Comme le voit votre Excellence, Brotero signale sa présence entre le cap Espichel et Cezimbra, et surtout dans les Algarves où elle est très vivace. Elle figure en effet dans l'herbier de M. Grant, professeur anglais distingué, qui a travaillé longtemps à une flore des deux rives de la Guadiana et qui constate même que le rubia angustifolia se produit facilement dans ces contrées par provins ou simples boutures.

En résumé, Monsieur le Ministre, le rubia peregrina *aut splendens*, *aut sylvestris* et le rubia angustifolia abondent l'un et l'autre, à l'état sauvage, dans le midi du Portugal et par conséquent dans l'arrondissement du consulat de France de Lisbonne. D'où je conclus que M. de Gérando aura déjà transmis à votre Excellence tous les renseignements dont la Commission peut avoir besoin sur ces deux types de garances portugaises. Qu'il me soit néanmoins permis d'ajouter que le même M. Schmitz, dont j'ai parlé plus haut, parfaitement connu du consulat de Lisbonne et qui habite Figueira, se fait fort, si besoin est, de mettre à la disposition du département tous les échantillons désirables de ces deux variétés de rubiacées indigènes. Quant aux crucianelles de l'embouchure du Douro, ces plantes constituant, dit-on, des alizaris, *non robés*, de qualité très inférieure, je n'ose pas en recommander l'analyse à la Commission.

On aurait tort, Monsieur le Ministre, d'inférer de ce qui précède que les avantages du commerce des garances sont inconnus dans le pays. En 1863, un des industriels les plus entreprenants de cette place, M. Edouard Moser, actuellement consul de Suède et Norwège, conçut le projet de se livrer à la culture des rubiacées indigènes.

M. Moser avait déjà voyagé en Alsace, en Provence et même en Hollande où il s'était familiarisé avec tous les détails de la culture de la garance.

Banquier à Porto de MM. Hilarion Meynard et C⁰ de Valréas (Vaucluse) que les intérêts de leur commerce de sériciculture conduisaient souvent en Portugal, il leur proposa une association qui fut acceptée avec empressement. Les nouveaux associés, avant d'entreprendre les dépenses assez considérables que devait nécessiter l'exploitation des alizaris, s'adressèrent prudemment au gouvernement portugais pour en obtenir un privilége qu'ils considé-

raient avec raison comme indispensable pour les mettre
à l'abri de la concurrence. Quoique ce privilége fût demandé pour peu d'années et que l'affaire fût utile au pays
et ne nuisît à personne, puisque personne n'avait encore
songé à la culture de la garance, le gouvernement refusa,
et refusa sans motifs appréciables, attendu les nombreux
priviléges qu'il accorde tous les jours. M. Moser, d'abord
très contrarié de cet échec, avoue qu'il a fini par s'en féli-
ter en voyant les progrès de nouvelles matières tinctoriales découvertes par la chimie et employées aujourd'hui
de préférence par l'industrie en raison de leur bas prix.

Agréez, etc.

A Son Excellence Monsieur le Ministre des affaires
étrangères, à Versailles.

Consulat de France à Smyrne.

Monsieur le Ministre,

J'ai l'honneur de faire parvenir à Votre Excellence un
paquet contenant des graines de différentes qualités de
garance qui se cultivent en Asie mineure. Ce sont celles
de Kirkagatch, Magnésie, Bakir, Pergame.

Nous trouverez également ci-joint un rapport de l'agent
consulaire de Magnésie sur la culture de cette racine, et
un autre rapport de M. Velasti, ancien agent consulaire
de Magnésie, qui contient des données très précieuses sur
cette garance et son emploi.

Veuillez agréer, etc.

Frédéric de BURGRAFF.

Mode de cultiver la Garance dans l'Asie mineure.

1° *Faut-il une terre engraissée au fumier, ou bien un sol faib'e?*

Le sol doit être composé d'une terre noirâtre, mêlée d'une espèce de limon ; ayant ces qualités, le fumier pourrait nuire à la racine de la garance.

2° *Faut-il semer toujours dans la p'aine ou bien les terres hautes sont-elles aussi bonnes ?*

Les plaines sont toujours préférables aux hauteurs, rarement on rencontre dans celles-ci la vertu de sol qu'offre la plaine.

3° *A quelle profondeur faut-il labourer la terre ?*

La terre doit être excessivement bien travaillée ; on doit faire une grande attention à ce qu'elle soit exempte de plantes étrangères, racines et herbes sauvages.

4° *Quel'e est l'époque des semailles ?*

C'est selon la température du climat ; si c'est une année de sécheresse et que le champ soit propre à recevoir la graine, on peut commencer les semailles vers fin janvier jusqu'en avril.

5° *Combien d'ocques de semence faut-il pour un* doneum ?

Le doneum correspond à 1330 mètres carrés.

Si la terre est grasse, on sème par chaque doneum de terre 37 kilog. ; si elle est faible, on en sème moins.

6° *Combien de quintaux de racines peut-on extraire d'un doneum de terre après l'avoir laissé pendant 5 ans ?*

Le nombre de quintaux qu'on pourrait extraire d'un doneum dépend de la bonté du sol et du travail auquel on procède pendant la durée des 5 ans. (Ce n'est qu'à la 3ᵐᵉ année seulement, qu'on extrait la garance et ceci lorsque le propriétaire a fortement besoin d'argent). Il arrive parfois que superficiellement la terre est bonne et qu'à une certaine profondeur elle change de qualité ; dans ce cas on n'aura qu'un rendement bien médiocre ; mais pour avoir une idée exacte de ce que donnerait un doneum, on doit faire un essai, et la moyenne qu'on obtient d'un doneum est de 8 quintaux soit 460 kilog., jusqu'à 20 quintaux soit 1128 kiogrammes.

7° *Pourquoi divise t-on le champ d'alizaris en lignes de longueur et laisse-t-on une largeur de 2 pieds environ ?*

Un mètre correspond à 1 pied et demi ; les 2 pieds seraient 1 mètre 33 centimètres.

On divise le champ en autant de lits d'un mètre 33 centimètres de largeur, par la raison que chaque année on doit faire couvrir deux fois par une couche de terre les lits, jusqu'à ce que la plante de la garance soit couverte. Cette terre, on la retire des sillons qui les en séparent ; ce travail doit s'opérer à un moment où la terre ne doit être ni trop sèche ni trop humide.

Cette opération doit se faire en automne et au printemps ; il est bon, pour cette dernière, de commencer fin février ; elle se pratique dans le but de préserver la racine contre les rigueurs de l'hiver comme de celles de la chaleur.

8° *A quelle époque de l'année l'alizari fleurit-il ? Produit-il chaque année de la semence, et comment la récolte-t-on ?*

L'alizari fleurit au mois de juin, et à la fin d'août la semence est mûre.

La garance ne donne pas chaque année de la semence et ceci dépend de l'atmosphère ; la récolte de cette dernière s'opère d'après le système employé pour le blé et l'orge.

9° *Quelle est la meilleure époque de l'année pour l'extraction de cette racine ?*

La meilleure époque de l'année pour l'extraction de cette racine est au 21 juin et on la continue jusqu'à la fin de septembre.

10° *Après cinq ans, comment procède-t-on à l'extraction de l'alizar ?*

On l'extrait de la manière suivante : Précédemment on vous a parlé que le terrain a été divisé en autant de lits ; à la tête de chacun se place un ouvrier et il creuse jusqu'à la profondeur où les racines ont pu pénétrer ; il les sépare de la terre et les rejette derrière lui ; ce travail se continue jnsqu'au bout du lit.

11° *Après avoir extrait les racines de la terre, faut-il les laisser exposées au soleil pour les faire sécher, et combien de temps ?*

La quantité extraite chaque jour est entassée et exposée au soleil pendant 5 à 6 jours ; ensuite elle est divisée en autant de petits lots et chaque jour on a soin de les aérer jusqu'à ce que la racine soit sèche ; puis on l'emballe ou on la met dans les dépôts.

12° *La semence de l'alizari est-elle une bonne nourriture pour les vaches ?*

La semence de l'alizari sert seulement pour les semailles, mais l'herbe est excellente, elle tient lieu de foin pour les vaches.

NIPOTE,
Agent consulaire de France à Magnésie.

Autre Rapport sur la culture de la Garance en Asie mineure.

Terrains proprices à la culture de la garance.

La garance dont les racines fournissent la meilleure teinture rouge ne donne des produits abondants que dans les terres argileuses noires (mili) mêlées à du limon (mil) et à du sable (kournsal). Le terrain pour être propice doit être un terrain élevé et non marécageux.

Préparation du terrain pour ensemencer.

On commence par défoncer la terre à une bonne profondeur avec la charrue (tchift) et à la bien retourner afin de détruire toutes les racines des plantes graminées (tchepel) qui s'y trouvent.

Immédiatement après on passe sur cette terre labourée le rateau (turmuk) qui broie et concasse tous les blocs de terre qui peuvent se trouver à la surface. De suite après le rateau vient la herse (sourgou) qui achève de bien pulvériser la terre. Ce premier travail doit être achevé au 15 ou au 27 août. Puis on laisse le terrain se reposer jusqu'en novembre. Durant cet espace de temps on a soin de le visiter et si on y rencontre quelque plante sauvage, on doit l'enlever avec la bêche.

Manière d'ensemencer le terrain déjà préparé.

Avant de jeter la semence on doit de nouveau labourer la terre dans les deux sens en longueur et en largeur pour enlever tout gazon ou herbe sauvage qui auraient poussé ou pourraient pousser. Puis on égalise le terrain au moyen de la herse. L'ensemencement doit se faire entre le 27 janvier et la fin d'avril. Il faut faire cette opération dans un moment propice (tao) et quand la terre est apte à recevoir la semence. Un dunum (qui équivaut à 90 pas carrés) exige pour son ensemencement une quantité de graines, variant entre 31 et 41 kilos soit 25 à 32 ocques. L'agriculteur commence alors à jeter la graine sur le terrain ainsi préparé. Il est suivi d'une charrue qui creuse des sillons serrés, d'une profondeur de 3 à 4 doigts (10 à 12 centimètres). Le rateau vient immédiatement, suivi de près par la herse. Si l'ensemencement a lieu en janvier, on passe après la charrue le rateau et puis la herse, qui, dans ce cas, doit être très légère. L'agriculteur ne doit pas s'asseoir ou s'appuyer dessus; si par contre l'ensemencement a lieu pendant le mois d'avril dans les chaleurs, on se sert du râteau et de la herse qui doit être alors plus lourde que dans le cas ci-dessus. Cette opération se fait alors dans les deux sens, c'est-à-dire en longueur et en largeur. Le râteau doit avoir des dents longues seulement de 3 à 4 doigts (8 à 10 centimètres). Après avoir fini l'ensemencement, on laisse sécher la surface du sol, puis on commence à creuser des sillons droits d'un bout à l'autre en laissant un intervalle de 6 petits pas, intervalles qu'on nomme planches (cariko). Le sillon ou plate-bande (dizi) doit être bien profond et avoir une largeur de 30 à 35 centimètres. Ces plates-bandes servent à laisser un passage libre aux agriculteurs pour enlever des planches les mauvaises herbes qui auraient poussé. La première année, le sarclage doit se faire à la main. Les années suivantes il se fait à la bêche.

Manière d'entretenir et de cultiver le champ après
l'ensemencement.

A partir du mois de novembre jusqu'en janvier, on choisit chaque année un temps propice (tao) pour sillonner avec deux charrues qui se suivent de près, les plates-bandes (dizi) et on défonce assez de terre pour qu'elle suffise à recouvrir d'une couche de 3 à 4 doigts (8 à 10 centimètres) les planches qui sont entre les plates-bandes. Ces couches de terre dont on recouvre les planches servent non-seulement à renfoncer les racines de la plante mais encore à les préserver contre les gelées de l'hiver. La seconde année ainsi que les années suivantes, quand l'hiver a passé, on doit durant les premiers mois du printemps, c'est-à-dire en mars, avril et mai, sarcler à la bêche les plantes (caziks) et jeter les herbes sauvages dans les plates-bandes (dizi). Ces deux opérations du buttage et du sarclage doivent avoir lieu consécutivement durant quatre années et se faire aux époques indiquées.

Temps propice pour arracher les racines.

Après la 4ᵉ année on cesse le buttage, c'est-à-dire on cesse de jeter de nouvelles couches de terre sur les planches en creusant en les plates-bandes. Au commencement de la 5ᵐᵉ année, on peut alors commencer l'arrachage des racines qui ont acquis déjà une grosseur moyenne. L'arrachage commence le 21 et peut se continuer jusqu'au 10 octobre. On peut cependant laisser la plante se nourrir au delà de la 5ᵐᵉ année. La seule précaution à prendre dans ce cas, c'est de sarcler l'herbe sauvage qui aurait poussé sur les planches.

Usages utiles des planches et des plates-bandes.

Les planches qu'on élève chaque année ne servent pas seulement à renforcer les racines et à préserver la plante des gelées d'hiver, mais ont l'avantage de faciliter l'arrachage des racines et d'assigner en outre à chaque ouvrier la marche et la direction qu'il devra suivre.

Les plates-bandes (dizi) ont aussi le double avantage de permettre à l'air de pénétrer jusqu'aux racines et de conserver assez profondément de la fraîcheur à la plante, en recueillant l'eau de pluie.

Qualité des racines.

Si le terrain est fort, il en résulte une racine touffue de première qualité et qu'on nomme *papa sacali* (prêtre barbu). Si cette racine ne s'enfonce pas sous terre plus d'un mètre, elle devient plus grosse que celles provenant des plantes qui enfoncent leurs racines plus profondément. C'est cette qualité que nous nommons *Bakir*.

La meilleure qualité de la garance Bakir est produite par plusieur terrains dans les plaines de Magnésie, de Gieurduk, de Thyatira ou Axar, et de Kircagatch où se trouve la petite plaine de Bakir près de Kircagatch.

Il existe une autre qualité de garance nommée *Cazik* (c'est-à-dire pieu ou poteau) dont la racine n'a qu'une tige et qui s'enfonce dans la terre comme la carotte. On rencontre cette espèce dans quelques champs des plaines susnommées, mais en très petit nombre. Elle croît en général dans les plaines de Kaïadjik et de Ghiordes. C'est une qualité secondaire.

Graines et manière de récolter la semence.

La garance ne donne pas de graines la première année, ce n'est qu'à la seconde qu'elle en produit. Pour récolter la graine, on fauche l'herbe de la garance, on en fait des gerbes qu'on entasse dans les plates-bandes pour empêcher le vent de les emporter et pour les laisser sécher. Puis, après quelques jours de dessication, on réunit toutes ces bottes en un tas et on procède à la séparation de la graine par le battage au fléau comme le blé. Si la récolte de la graine vient à manquer dans quelque district, on a recours alors au plantage par racines ditès *aï kirt* qui a lieu de la manière suivante : On bêche la terre en décembre ou janvier pour trouver la tète de la racine. Sur cette tète poussent horizontalement et parallèlement à la terre des branches de racines qui ont des nœuds. Ce sont ces racines qu'on nomme aï kirt. On couche alors ces racines, qu'on partage en plusieurs parties, en ayant soin de laisser sur chaque partie un ou deux nœuds ; puis on creuse une fosse dans laquelle on place ces racines coupées et on les recouvre jusqu'à ce qu'elles commencent à se flétrir. Arrivées à ce point, on opère le plantage de ces racines en suivant la méthode employée pour les fèves et les pommes de terre. Ce plantage se fait du commencement de décembre ou janvier jusqu'à la fin janvier.

On obtient encore sur certains terrains une autre qualité de garance nommée *chalaza*, qui est aussi bonne que la première. Elle provient des bouts de racines restés sous terre après l'arrachage de la plante, qui poussent petit à petit et d'eux-mêmes, sans aucun soin de la part du cultivateur, parviennent après 7 ou 8 années à donner une récolte suffisante et aussi estimée que la précédente. Cependant, quand on s'aperçoit que cette chalaza commence à pousser, il faut labourer le terrain de temps en temps pendant les premières années.

On estime beaucoup la graine de cette qualité à cause de sa bonne nutrition.

Irrigation.

Quoique notre pays manque de système d'irrigation, on est parvenu cependant à irriguer certains champs qui ont donné, il est vrai, des racines très grosses, mais qui une fois sèches ont perdu leur consistance et sont devenues très légères. On a constaté toutefois que l'irrigation profitait à cette plante seulement la première et la seconde année, si cependant ces années n'ont pas été pluvieuses.

Fumier.

On ne fume pas les terres fortes, cela nuit plutôt à la plante.

Durée de la plante sous la terre.

On peut conserver la garance sous terre pendant 20 ans au moins, sans que cela fasse perdre à la racine sa substance d'alizarine. Il n'y a qu'un nombre très minime de terrains qui demande à ce que la plante soit déterrée à la 3ᵉ ou 4ᵉ année, attendu qu'elle commence à pourrir après ce temps.

Quantité de racines que produit un donum après 5 à 6 ans.

Un assez grand nombre de terrains rendent de 12 à 14 quintaux (670 à 790 kilos) de racines sèches par donum, mais la plus grande partie ne rendent que 5 à 7 quintaux (280 à 392 kilos). Si les prix sont bas, il n'y a aucune convenance et aucun profit à ensemencer ses champs.

Il se rencontre un très petit nombre de champs qui rendent 18 à 24 quintaux après 6 à 7 ans (soit 1000 à 1350 kil.), mais ils sont très rares.

Gain approximatif que laisse un donum ensemencé de garance.

Le calcul a démontré que d'un terrain qui donne 12 à 14 quintaux il faut défalquer la moitié pour couvrir tous les frais ; tout ce qui est en plus est un gain net. Les terrains qui rendent 18 à 24 et qui sont très rares sont ceux qui laissent le plus de bénéfice à l'agriculteur.

Historique de l'activité de la culture de la garance.

Jusqu'à l'époque de la guerre d'Amérique, la culture de la garance était très active, mais la guerre civile d'Amérique, en 1863, étant survenue et ayant haussé énormément les cotons, les agriculteurs s'adonnèrent alors à la culture de cette dernière plante et négligèrent la garance, ce qui fut la cause que la garance haussa à son tour. Puis la baisse du coton étant survenue, les cultivateurs voulurent revenir à la culture de la garance.

Mais l'invention du produit chimique qui a remplacé le produit de cette plante est venu donner le coup de grâce à cette culture et a découragé la plupart des agriculteurs dont les terrains ne rendent que 7 à 8 quintaux par donum et qui sont les plus nombreux.

Les cultivateurs dont les champs rendent 12 à 14 quintaux et 18 à 24 quintaux sont les seuls qui continueront à cultiver la garance, tant que durera l'usage du produit chimique.

La Caramanie produisait en effet une grande quantité de cet article garance, mais les frais énormes de transport à dos de chameau d'un côté, et les prix misérables qu'on obtient de l'autre côté actuellement, forceront cette province à en cesser la culture, de sorte que la récolte diminuera beaucoup dans cette province.

Rapport sur les qualités du produit chimique comparées à celles de la garance.

On a importé à Magnésie de ce produit chimique et on en a donné à faire l'essai à plusieurs teinturiers de cette ville qui forment une corporation assez importante. Après plusieurs expériences, tous ont été d'accord à constater que la teinture artificielle donnait au fil et à la toile de coton, une couleur qui a un certain éclat, mais plutôt terne, qui manque de douceur et n'a pas de durée. Cette teinture réussit mieux sur le fil de coton, car le fil isolé accepte plus aisément cette couleur qui acquiert par conséquent plus de force et d'éclat que la teinture de garance ; mais ils sont persuadés que l'éclat de cette couleur n'est pas de longue durée et se détériore par la suite.

On reçoit d'Europe des balles de coton filé teint avec ce produit artificiel et ces mêmes teinturiers ont constaté que ce coton filé mis à l'épreuve, puis mis à sécher à la forte chaleur du feu, changeait de couleur. Cette couleur se décompose à l'action de la forte chaleur en plusieurs nuances ternes sur le même paquet. On a mis de ce même coton filé à sécher à l'action du soleil et il a été démontré que l'action du soleil tardait davantage à détériorer la couleur, mais que cela arrivait petit à petit et par gradation. Pour ces causes on ne le fait sécher qu'à un soleil tempéré et d'autres préfèrent l'ombre.

Finalement, tous les teinturiers ont constaté que ce produit qui donne tant d'éclat au fil de coton ne peut pas exercer la même action sur la laine, ce qui est tout le contraire pour le produit de la garance qui commence à donner au coton filé une couleur tendre, mais qui ne fait qu'acquérir de la consistance et de l'éclat, plus le temps passe, et qu'en outre elle donne beaucoup plus d'éclat à la laine qu'au coton et réussit bien mieux sur la laine.

L'éclat que donne le produit artificiel au coton filé, le produit de la garance le donne à la laine et vice versa, l'éclat que donne la garance à la laine, elle ne peut le donner au coton filé, tandis que le produit artificiel donne au coton filé plus d'éclat que ne lui donne la garance. Le produit artificiel ne peut pas cependant donner à la laine l'éclat, la douceur et la vivacité que lui donne le produit de la garance.

La conclusion est que l'expérience a démontré que la la teinture chimique et artificielle donne au commencement aux tissus de coton un éclat qui n'a pas la délicatesse de la garance et qui par le temps se détériore, tandis que la teinture de garance commence par donner aux tissus de coton une teinte plus tendre et plus faible, mais qui acquiert à mesure que le temps passe une grande vivacité, une grande douceur et beaucoup d'éclat.

VELASTI.

Consulat de France au Cap-de-Bonne-Espérance.

Ville du Cap le 28 octobre 1874.

Monsieur le Ministre,

Dès que la circulaire que vous m'avez fait l'honneur de m'adresser le 16 janvier de cette année, pour me demander des graines de garance *petioralis*, me fut parvenue, je m'empressai de la transmettre à notre agent consulaire à Port-Elizabeth ; car, d'après le livre de M. Harvey sur la flore de l'Afrique australe, la garance petioralis croît sur les bords de la mer, près d'Algoa-Bay et à l'embouchure de la rivière Vanstaden.

Je regrette d'avoir à vous annoncer que tous les efforts faits par M. Farmer pour se procurer des graines de cette plante sont restés infructueux jusqu'ici.

J'avais également prié le Directeur du jardin botanique à Capetown de vouloir bien me mettre à même d'effectuer cet envoi. M. Mac-Gibbon m'a répondu qu'il n'avait pu découvrir aucun spécimen de cette plante. Il m'a, d'ailleurs, affirmé que si le *rubia petiolaris* croît à l'état sauvage sur quelques points de la colonie du Cap, il n'y a jamais été cultivé.

Agréez, etc.

LANEN.

A M. le Ministre des affaires étrangères.

Consulat de France à Tauris.

Tauris le 16 novembre 1874.

Monsieur le Ministre,

Comme j'ai eu l'honneur de vous en informer par mes dépêches en date du 20 avril et 9 juin dernier, la garance se trouve à l'état sauvage dans l'Azerbaïdjan. La saison ne m'avait pas permis jusqu'à présent de m'en procurer des graines. J'ai profité de l'automne pour en faire recueillir un échantillon que je m'empresse de transmettre aujourd'hui à votre Excellence.

Ces graines proviennent de Khosrowa, district de Salmos. Cette plante n'est point cultivée dans cette contrée, mais elle se rencontre à l'état sauvage dans tout le pays.

Je n'ai pas cru inutile de joindre à cet envoi un échantillon de racines de la même provenance et j'espère, Monsieur le Ministre, que le peu de graines que j'ai pu me procurer sera suffisant pour l'essai de culture que se propose la Commission.

Veuillez agréer, etc.

Emile de SAIZIEU.

Consulat Général de France à Calcutta.

Direction des consulats et affaires commerciales, N° 45
Envoi d'un paquet de graines de garance du Népaul.

Calcutta le 21 décembre 1874.

Monsieur le Ministre,

Par une circulaire en date du 16 janvier dernier, Votre Excellence a invité le Consulat général à lui transmettre différents échantillons de graine de garance de l'Inde, destinés aux essais de culture que l'on se propose de faire de cette plante dans le Midi de la France.

Le gouvernement de l'Inde a bien voulu, à la demande du Consulat général, envoyer une circulaire aux gouvernements locaux de Madras, de Bombay, du Bengale, des provinces du Nord-Ouest, du Punjab et de l'Assam, ainsi qu'au résident anglais au Népaul, à l'effet d'obtenir de bons échantillons de cette graine et des informations sur les meilleurs systèmes de culture.

Jusqu'à présent il n'a été reçu de réponse à cette circulaire que du résident anglais au Népaul.

J'ai l'honneur de transmettre ci-joint à votre Excellence le *secr* (deux livres anglaises) de graines de garance qu'il a envoyé à Calcutta et qu'on croit être de la variété *rubia cordifolia*.

Aux Indes aussi, les alizarines artificielles prennent de plus en plus, en raison de leur bas prix, la place de la garance.

Agréez, etc.

E. RANDISSIO.

A son Excellence Monsieur le Ministre des affaires étrangères.

Avignon. — Imprimerie A. CHAILLOT.